丝路之光

2022 敦煌服饰文化论文集

刘元风◎主编

丝路之光

2022敦煌服饰文化论文集

The Light of Silk Road
The Essay Collection of
Dunhuang Costume Culture 2022

国家社科基金艺术学重大项目「中华民族服饰文化研究」
国家社科基金艺术学项目「敦煌历代服饰文化研究」

中国纺织出版社有限公司

内 容 提 要

本书是敦煌服饰文化研究前沿成果的集中展示，分为上、中、下三编。"上编"收录了"第四届敦煌服饰文化论坛"所邀六位专家的发言文稿，"中编"收录了敦煌服饰文化研究暨创新设计中心主办学术讲座所邀专家的六篇文稿及相关研究人员的三篇学术论文，"下编"收录了"敦煌服饰艺术展暨《敦煌服饰文化图典·初唐卷》新书发布会"所邀七位专家学者及领导的致辞发言。学者们的研究内容丰富、考据翔实，专家领导们的致辞高屋建瓴，富有指导意义。

本书适用于服装专业师生学习参考，也可供敦煌服饰文化爱好者阅读典藏。

图书在版编目（CIP）数据

丝路之光：2022敦煌服饰文化论文集 / 刘元风主编 . -- 北京：中国纺织出版社有限公司，2023.1
ISBN 978-7-5180-9737-1

Ⅰ.①丝… Ⅱ.①刘… Ⅲ.①敦煌学—服饰文化—文集 Ⅳ.①TS941.12-53 ②K870.6-53

中国版本图书馆 CIP 数据核字（2022）第 139779 号

Siluzhiguang: 2022 Dunhuang Fushi Wenhua Lunwenji

责任编辑：孙成成 施 琦 责任校对：寇晨晨
责任印制：王艳丽

中国纺织出版社有限公司出版发行
地址：北京市朝阳区百子湾东里 A407 号楼 邮政编码：100124
销售电话：010—67004422 传真：010—87155801
http://www.c-textilep.com
中国纺织出版社天猫旗舰店
官方微博 http://weibo.com/2119887771
北京华联印刷有限公司印刷 各地新华书店经销
2023 年 1 月第 1 版第 1 次印刷
开本：889×1194 1/16 印张：17
字数：290 千字 定价：198.00 元

前言

新一期的论文集又跟大家见面了，这是敦煌服饰文化研究暨创新设计中心出版的第四本系列论文集。在社会各界的广泛关注和大力支持下，中心不断夯实学术研究、专题讲座、出版发行等各项工作的推进和落实，取得了相应的阶段性成果。随着工作和学习的不断深入，我们深刻感受到敦煌石窟艺术创造者的高超智慧和敦煌服饰文化的博大精深，深刻认识到敦煌服饰文化研究和创新设计的工作任重而道远。

2021年，中心最主要的工作是正式推出了《敦煌服饰文化图典》系列丛书的第一册"初唐卷"。这本书的出版是中心全体成员共同努力的结果，是中心团队以敦煌石窟实地考察为基础，结合文献资料查证，以珍贵的一手资料和艺术感受为前提，进行服饰理论与艺术实践相结合的研究成果。成书过程中，团队对于服饰图和图案的绘制风格经过了反复论证和考量。因为这些属于专业性质的图例，其绘制不同于完全依照敦煌壁画现状的复制，也不同于敦煌壁画原状的复原，而是在忠于敦煌壁画和彩塑造型、色彩、构图的基础上，运用服装语言和图案学的组织构成原理，同时加入绘制者对图像当代性的理解和形象化的诠释，将残缺部分进行合理补充，将褪色部分进行科学完善，最终再现并赋予敦煌服饰文化以新的面貌。为了更好地传承和发扬敦煌服饰文化，图典采用中英双语对照的形式与读者见面。接下来，中心还将出版《敦煌服饰文化图典》的盛唐卷、中晚唐卷等其他卷宗，继续深化和推动敦煌服饰文化的研究工作。

基于前期的工作积累，中心从敦煌初唐和盛唐时期的画稿和复原服装中挑选了一些具有代表性的作品，于2021年10月举办了"敦煌服饰艺术展"。考虑到展期限制及新冠肺炎疫情影响，此次展览还推出了线上形式，通过360°全景采集手段全面展示展览的精彩内容，为不能到现场参观的外地院校师生、设计师及广大敦煌文化艺术爱好者们提供便利。展览期间还成功举办了"第四届敦煌服饰文化论坛"，大家以现场和线上的方式相聚在一起，听取了来自敦煌研究院、清华大学美术学院等单位及院校多位学者的精彩学术演讲。

我们搭建的学术平台，是为了吸引更多学者投入敦煌服饰文化研究和创新设计的实践中，深入持久地将学术研究推向更高的层次。2021年，中心还继续以线上形式举办高质量的学术讲座，现在已经举办到第

十六期，每一期都邀请了敦煌学方面的专家学者分享研究成果，学术讲座受到越来越广泛的关注。此外，中心成功举办了一期天然染色工作坊，不断加强敦煌色彩和染织工艺方面的研究。同时加强了学术研究指导下的设计创新工作，包括与甘肃简牍博物馆、皇锦品牌等合作进行服装设计和文创产品的研发，与青海省考古研究所展开古代纺织品文物染料研究方面的合作，期望以更具现代审美的产品回馈大众，以更富实效的成果服务社会。

以上成果将以不同形式全面呈现在本书中。根据论文内容和学术范畴的划分，本书分为上、中、下三编。"上编"收录了"第四届敦煌服饰文化论坛"所邀六位专家的发言文稿，主要从绘画史、现代设计、专业英语、装饰纹样等不同角度，对敦煌艺术及服饰文化进行了深入解读。"中编"收录了中心主办学术讲座所邀专家的六篇文稿以及中心研究人员的三篇学术论文，围绕丝绸之路装饰艺术等主题，论述了服饰、图案、文献、工艺、色彩等诸多方面所凝聚的中西文化交流互鉴。"下编"收录了"敦煌服饰艺术展暨《敦煌服饰文化图典·初唐卷》新书发布会"和"第四届敦煌服饰文化论坛"所邀七位专家学者及领导的致辞发言，他们对敦煌服饰文化研究的传承与创新给予了热情鼓励和殷切期望，这也是中心团队继续努力和不断前进的动力。

今后，中心将在学术研究、创新设计、人才培养等方面，继续推出更有价值的、更好的成果，共同推动中国传统服饰文化的传承与创新。尤其是关注当下年轻人的审美取向，用更加通俗易懂的艺术语言和传播方式，将敦煌传统文化艺术的经典元素与当代社会设计有机结合，让古典的敦煌服饰文化艺术走入当今时尚生活并助推社会物质文化建设。

北京服装学院　教授

2022年5月

目录

上编

赵声良 / Zhao Shengliang

美术史学博士，敦煌研究院党委书记、研究员，敦煌研究院学术委员会主任委员，北京大学敦煌学研究中心合作主任，西北大学、西北师范大学、兰州大学、澳门科技大学博士生导师。

主要研究中国美术史、佛教美术。发表论文百余篇，出版学术著作二十余部，主要有《敦煌壁画风景研究》《飞天艺术——从印度到中国》《敦煌石窟美术史（十六国北朝）》《敦煌石窟艺术简史》等。

敦煌艺术与中国绘画史

赵声良

非常高兴再一次参加敦煌服饰文化论坛，我将从美术史的角度来介绍一些心得。为什么要讲绘画史？是由于从20世纪末到21世纪初，我们深刻地感觉到在研究中国绘画史的过程中存在很多问题。

一、中国绘画史研究困境及敦煌壁画价值

中国绘画史研究的困境之一，也是中国绘画史研究不太容易推进的最大问题就是看不到真迹、研究资料严重缺乏。中国传统卷轴画大多收藏在中国台北故宫博物院，此外，还有大量的名画散藏于英国、美国、日本等国家。大陆也存有许多名画，如北京故宫博物院、上海博物馆等，但大部分博物馆藏品很难提供给学者调查研究。研究者看不到真迹，就没法推进。

我自己有个特别的体会，在20世纪80年代出版的美术史著作，书的开本很小，插图几乎都是黑白照片，根本无法看清画面上画的是什么，仅凭照片来认识中国美术史，是不太现实的事情。

如这一幅《寒江独钓图》(图1)，从某本中国绘画史著作来看，除了人和船之外无法看到其他的事物，只能看到一片空白的景色。可是我后来到了日本，在日本东京国立博物馆看到了马远《寒江独钓图》的真迹（图2）。从细节上看，画面中的水波纹画得非常精美。马远是非常擅长画水的画家，如果看不到这个水波纹，那观者便感受不到这幅画的精彩，便无法理解马远这种大家的手笔。

这仅是其中一例。其实过去很多中国绘画史著作讲中国绘画时，因为作者可能就没看到真迹，只能根据有限的资料进行自由发挥，这样会给我们的认知带来偏差。所以如果看不到真迹，就没办法进行绘画史研究。因此，绘画史研究的一个最基本点，就是必须要去看真迹，看不到真迹就很难说。

中国绘画史研究的第二个困境是图录刊布有限。在看不到原作的情况下，研究者需要好的图录。直到20世纪80年代，中国才逐步有计划有规模地出版图录。如《中国美术全集》（图3），用目前的眼光看当时出版的书籍，由于技术原因，图片并不清晰，而且色彩存在大量的偏色。在日本，20世纪末出版的一套《世界美术大全集》（图4），是质量较高的一套世界美术大全，里面包括西洋绘画、中国绘画等。中国台北故宫博

图1　马远《寒江独钓图》（某中国绘画史著作，20世纪80年代）

图2　马远《寒江独钓图》（日本东京国立博物馆藏）

图3　《中国美术全集》（中国美术全集编辑委员会，文物出版社，1989年）

图1

图2

图3

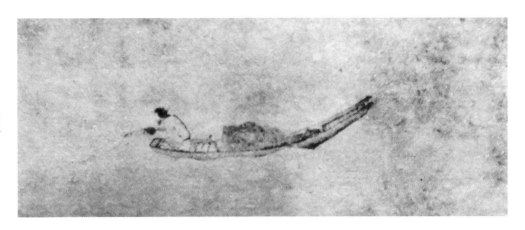

物院出版了一套《故宫藏画大系》（图5），是一套非常值得参考的书。日本东京大学在20世纪由铃木敬教授主持，对中国绘画做了一个全面的调查，出版了一套《中国绘画总合图录》（图6）工具书，可供查阅真迹的收藏地等信息。此后，东京大学教授户田祯佑、小川裕充继续完成这一工作，并于20世纪末出版了《中国绘画总合图录（续编）》（图7），基本囊括了中国大陆以外的世界各地的中国绘画藏品。在改革开放之后，一些专家意识到这个问题，于是，以启功为代表的专家策划了《中国古代书画图目》（图8），对中国大陆所藏的古代书画做了全面的调查。这本书相当于索引类的工具书，供查阅用。目前国内出版社出版的书籍制作精良，图片质量也很高，如《宋画全集》（图9）印刷精美，但是在内容的选择上也存在些许不足，如在真迹的选择和搜集方面，在有些真迹无法找到的情况下，也只能用别人的图片。

中国绘画史研究的第三个困境是近代学术意义上的美术史研究起步较晚、基础薄弱，尤其部分著作受传统画论品评风气影响，缺乏科学方法。20世纪80年代之前研究美术史的著作多从感想的角度来讲，真正美术史的发展脉络基本还没有建立起来。由中国艺术研究院主持，2000年出版的《中国美术史》（图10）是相对较好的美术史著作，但由于参加编撰的单位、作者众多，每个时期的内容缺少关联性，缺乏各朝代之间美术绘画的联系性。因此，到目前为止，还未有特别理想的书籍。

以下是我对中国美术史研究的一些思考：第一，不要仅局限在卷轴画本身，不能仅依赖于传世的绘画，更要吸取迄今为止的考古学、历史学研究成果，以新的美术史观看待传统艺术；第二，注重实地调查与文献所反映的历史文化背景相结合，揭示一

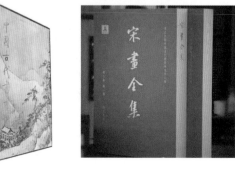

图4 《世界美术大全集》（西洋编29册＋东洋编18册）（小学馆出版社，1995—1999年）

图5 《故宫藏画大系》（江兆申主编，故宫博物院出版，1995年）

图6 《中国绘画总合图录》（5册）（铃木敬编，东京大学，1982—1983年）

图7 《中国绘画总合图录（续编）》（4册）（户田祯佑、小川裕充编，东京大学，1997—2001年）

图8 《中国古代书画图目》（中国古代书画鉴定组编，文物出版社，1996—2000年）

图9 《宋画全集》（浙江大学中国古代书画研究中心编，浙江大学出版社，2010年）

图10 《中国美术史》（1—11卷）（齐鲁书社，2000年）

个时代、一个作品所反映的文化内涵；第三，从美术作品本身所呈现的特点来分析，而不是套用某些概念。

除上述困境外，中国美术史上还存在一些难以解决的问题：首先，传世的绘画作品多为五代以后的，唐代及以前的作品极少；其次，传世的绘画作品中有相当多是临摹品，并非真迹；最后，历代绘画理论只讲绘画，基本不讲雕塑、工艺。这些问题和困境，恰好突显了敦煌石窟艺术的价值。

敦煌石窟在中国美术史研究中的地位和意义至少包括以下三方面：第一，敦煌石窟自公元366年创建，历经十个朝代，持续营建一千余年，现在保存有各时代洞窟七百余个，具有自身完整的体系，这本身就是一部美术史；第二，敦煌石窟保存了大量北魏至隋唐的绘画和彩塑艺术，而这一阶段的佛教寺院在内地几乎不存，传世绘画也仅有零星作品或临摹品，因此，敦煌美术可以补充中国美术史的不足；第三，在对敦煌石窟美术史的研究中，可以探索不同于传统的中国美术史研究方法，为中国美术史研究提供新思路。

二、敦煌早期壁画与魏晋南北朝的画风

下面将举例说明如何从不同时期的敦煌壁画认识中国绘画史的重要风格。第一例是敦煌早期壁画与魏晋南北朝的画风，这阶段敦煌壁画可以反映当时一些名家的绘画风格。魏晋南北朝时期，顾恺之、陆探微等画家成为绘画的主流。其主要特征：第一，注重"传神"，即"气韵生动"；第二，技法上强调"骨法用笔"，行笔劲健；第三，人物形象的"秀骨清像"，体现了当时的审美倾向。这一时期的绘画作品，除顾恺之的一些临摹品外，大多真迹已经失传，但顾、陆一派的绘画风格，却随着北魏孝文帝改革而流行于中原，并在北魏晚期至西魏时期传入敦煌，我们可以通过敦煌壁画来考察它的特点。

敦煌壁画中最早出现的佛像具有鲜明的西域特征，注重人的形体刻画，并用厚重的颜色晕染画面。西域风格流行过一段时间后，中国的画家逐渐采用中国传统的绘画手法和审美习惯，可以看到菩萨的面容更符合中国人的审美。北凉、西魏时期的敦煌佛像更加清瘦（图11、图12），颇有"褒衣博带"的风度，并且注重刻画神采而非肉体，通过细微的面目表情或动作，表现动态的形象，这些都得自中原风格的影响。再如西域式的飞天形象大多强壮、肌肉结实；而中原式的飞天形象大多清瘦，甚至不符合正常的人体比例，进而凸显飘飘然的神仙动态，后者在诸多西魏时期的敦煌石窟中均有出现。

除此以外，在这一时期敦煌壁画中的人物服饰表现上，与传顾恺之所作的《洛神赋图》中洛神的形象颇有相似之处，如形似燕尾的襳髾向后飘起的表现方式很可能是受了顾恺之风格的影响（图13~图15）。

这些特点，我们都可以从一些出土的文物中得到印证。如北魏司马金龙墓漆屏风画中的《列女图》（图16）。这件实物可能是从南方带过去的，所以受到南方风格的影响，显然跟顾恺之和陆探微的风格是一致的。

图 11　莫高窟－北凉第 272 窟－
主室西壁龛内南侧－胁侍菩萨

图 12　莫高窟－西魏第 285 窟－
主室北壁－菩萨

图 13　莫高窟－西魏第 285 窟－
主室北壁－供养人

图 14　传顾恺之《洛神赋图》
洛神

图 15　传顾恺之《女史箴图》
（英国大英博物馆藏）

图 11	图 12
图 13	图 14
图 15	

　　这一时期的敦煌壁画在装饰图案上同样可以看到南方的影响，时代特征得以凸显。南北朝时期，频繁战争的同时必然会带来一定的交流，后以洛阳为中心，以此为区间向外传播，所以敦煌壁画里西魏的图案可以在南朝南方的画像砖中找到相似之处，这种装饰图案非常精致，有飘逸之感（图 17～图 20）。

图 16　北魏司马金龙墓－漆屏风
画－《列女图》

图 17　莫高窟－西魏第 288 窟－
主室窟顶图案

图 18　南朝画像砖（常州博物
馆藏）

图 19　莫高窟－北周第 428 窟－
主室窟顶图案

图 20　南朝画像砖（常州博物
馆藏）

| 图 16 | 图 17 | 图 18 | 图 19 | 图 20 |

三、阎氏兄弟及初唐画风

　　第二例为阎氏兄弟及初唐画风。唐朝时期有名的阎立本、吴道子等画家的真迹，我们现在几乎看不到了，但阎立本最有名的几幅作品为后人临摹，可以作比较。在贞观十六年莫高窟第 220 窟主室东壁维摩诘经变中绘有帝王图（图 21、图 22），画面清晰，将这幅帝王图与传为阎立本的《历代帝王图》（图 23）相比较，可发现大量的相似之处。

　　收藏于美国波士顿博物馆的《历代帝王图》画了十三位皇帝，这幅图是有现实依据的。阎立本在朝为官，可以见到皇帝，并且皇帝及大臣的服饰是由阎立本的哥哥阎立德所设计。阎立本特殊的身份，使他画的《历代帝王图》具有权威性，因此阎立本画的《历代帝王图》受到了当时多数人的学习效仿，在敦煌绘制壁画的画家也借鉴了阎立本的风格。画史还记载了阎立本画的《职贡图》，表现前来长安的外国使节的形象，而在莫高窟第 220 窟中，也同样出现了波斯、日本等外国使节的形象（图 24）。这一方面是由于敦煌是丝绸之路上的咽喉之地，东西方人员、货物往来密切；另一方面说明了敦煌与长安联系之紧密。

| 图 21 | 图 22 |

图 21　莫高窟－初唐第 220 窟－
主室东壁窟门南侧－维摩诘经变
（局部）

图 22　莫高窟－初唐第 220 窟－
主室东壁窟门北侧－维摩诘经变
（局部）

 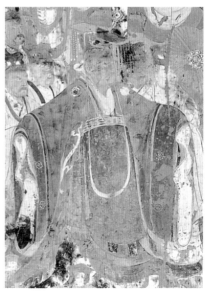

图 23 《历代帝王图》(局部)
(美国波士顿博物馆藏)

图 24 莫高窟－初唐第220窟－
主室东壁窟门南侧－维摩诘经变
(局部)

图 23 | 图 24

四、吴道子一派的画风

第三例为盛唐时期吴道子一派的画风及其影响。吴道子作画讲究神韵,对线条的把握达到了登峰造极的程度,充满轻快流畅之韵律感。但由于他的画作多为壁画,因此并无现存真迹,敦煌壁画恰好为研究其画作风格提供了参照。

盛唐时期的敦煌莫高窟壁画体现了吴道子画风中的两大特征:第一,线条明快流畅,颇有"吴带当风"之感。如莫高窟第103窟的维摩诘像 (图25),每一根胡须都好像有弹性,并以细密的线条刻画衣服褶皱,表现人物的动态;而同一窟中的文殊菩萨像,线条松散,凸显其轻松从容的状态。再如莫高窟第217窟的大势至菩萨 (图26) 和莫高窟第159窟伎乐人 (图27),人物高度达到2米,其中的主要线条超过1米。这种流畅的线条在绘画中需要深厚的笔法技巧和绘画功底,我们在敦煌壁画中见

图 25 | 图 26

图 25 莫高窟－盛唐第103窟－
主室东壁窟门南侧－维摩诘像

图 26 莫高窟－盛唐第217窟－
主室西壁龛外南侧－大势至菩萨

图27　莫高窟－中唐第159窟－
主室西壁南侧－伎乐人

图28　莫高窟－中唐第225窟－
主室东壁－吐蕃供养人

图29　莫高窟－晚唐第107窟－
主室东壁北侧下部－女供养人

| 图27 | 图28 | 图29 |

到长达2米的流畅线条，是非常难能可贵的。能用细软的毛笔勾勒出如此雄劲生动的线条，更反映出中国画的独特气韵和骨力。第二，色彩铺陈较少，留白较多。相传吴道子作画时，往往先勾勒线条，再由其弟子填色；但弟子为避免破坏整体意境，往往不敢过多上色，因而出现了许多白描的手法。这样的特点在唐代时期莫高窟壁画中也展现得淋漓尽致（图28、图29）。色彩的简淡，对画作线条的勾勒提出了更高的要求。

五、李思训一派青绿山水画

第四例为李思训一派青绿山水画。青绿山水画的典型特征是用青绿重色，这一风格在魏晋南北朝时就有出现。传世本隋代展子虔的《游春图》即为其中的代表，唐代的李思训将其进一步发扬光大，《图绘宝鉴》称赞其"用金碧辉映，为一家法，后人所画着色山，往往多宗之。然至妙处，不可到也"。除此以外，唐代山水画在布局、光

图30　传李思训《江帆楼阁图》
（台北故宫博物院藏）

影、山水结构等绘画技术上还有许多独特的创造，但因时代变迁，至宋代已大多失传。台北故宫博物院所藏的《江帆楼阁图》（图30）传为李思训所画青绿山水，这幅画很可能是由后人临摹，但这幅画中也反映了一些唐朝山水画的绘画特点。相对来说，唐朝具有这种特色的绘画较少，宋以后更多一点。那么真正的青绿山水，只有在敦煌壁画中才能看到，在卷轴画中极为少见。

这些壁画中展现了已经失传了的一些画法特点：其一是在画面布局上，唐朝讲究将画面铺满，即将画面延伸到天空上部，天上有彩云、太阳等元素，而后人绘山水图天空需要留白（图31、图32）。其二是从色彩运用来讲，唐代山水画色彩明丽丰富，注重光感的写实性。敦煌盛唐时期的山水画在光影把握上，非常讲究色彩变换和写实性，如莫高窟第320窟、第172窟的山水画（图33、图34）中

图31		
图32	图33	图34

对光感变化，注重刻画山峰的阴阳两面、水面反射的光影等，展现出唐人高超的光影技巧，但这些在唐之后的绘画中便很少出现了。西方绘画中讲究的色彩学和透视等技法的成熟大约在文艺复兴之后，而我国在唐代绘画中就已出现了对色彩的灵活运用以及对光影效果的表现。可惜年代久远，没有被传承下来，以至于今天的人们认为中国古代不存在透视、色彩以及光影的表现。

通过以上的例子可以看到，对敦煌壁画的研究解读对于我们认识中国绘画史是极大的补充。以上只是众多实例中的几个典型性代表，敦煌这座艺术宝库中还有很多值得我们去细究和挖掘的地方。

六、敦煌壁画与中国绘画精神

最后一个问题是敦煌壁画与中国绘画精神。这是我最近的一个新体会，我认为敦煌壁画体现着中国绘画的精神，主要在以下两个方面。

其一是"备具万物"的宏大视野。绘画里包罗万象，正如唐诗中所写"备具万物，横绝太空"，这是中国美学一个非常重要的方面。早在《易经》里面，就可以看到中国古人"仰则观象于天，俯则观法于地"的论述，《孟子》则云："万物皆备于我"。儒家思想有一种特别雄浑的精神，即心中要把整个世界都包容起来。所以我们可从《兰亭集序》中看到"仰观宇宙之大，俯察品类之盛"的语句。唐诗里面相关的思想很多，它是一种美学精神，不仅在诗歌里，还在绘画里有所体现，这一点在敦煌壁画中可以看出。

敦煌经变画把天地万物描绘在一壁之内，创造出一个包罗万象的境界。佛经里面讲宇宙为大千世界，唐朝将佛教"三千大千世界"通过经变画的形式展现出来。经变画是中国人的首创，经变画就是要展示一个佛国世界，这个世界包罗万象。如盛唐时期莫高窟第33窟弥勒经变（图35），它的核心是须弥山，下面是大海，周围很多山，整个画面是一个非常宏大的视野。但是在这个宏观视野里，又有很多具体微观的景色。将宏观景象和微观世界结合起来是经变画的一大创举，也是唐朝时期中国绘画伟大的创新。

比如净水池，如图36所示，可以看到水池中的莲花，从宏观上可以看到整个大的视野，从微观上可以看到一朵花。一花一世界，所以画面里一个孩童从莲花中化生出来，即为佛经中讲到的化生童子。佛国世界中还有对天空的描绘（图37），同样是秉承着这样一种思维，广阔的天空中有飞天、不鼓自鸣等，这样就可以看到一个个宇宙。这种思想，就是中国传统思想的一种体现。

其二是空间处理的大构图。从绘画的角度来看，宋朝的沈括有一段话非常精彩，即："大都山水之法，盖以大观小，如人观假山耳"。这是中国文化的一个很了不起的创举。西方曾经创造了科学的透视法，这种画法是科学的但不是艺术的。中国在唐朝时期已经有近似"透视"的方法来处理绘画中的空间关系，但是后来的中国画家并没有再追求一个科学的透视法，因为中国画家认为绘画要表现画家的精神，而不是为了用科学的方法来解析它，不是完全像照片一样真实地还原，而是为了表现自己的精神气度。

绘画中的"气韵生动"，即画面讲究备具万物的这样一种状态，用各种元素展现出无限辽阔的一个空间（图38）。从绘画的技法到观念，实际上是展现了中国的艺术家对世界、对宇宙的看法。宋朝人讲究的"三远法"，这些基本上在敦煌都可以看到（图39～图41）。

图35 ｜ 图36

图35 莫高窟－盛唐第33窟－主室南壁－弥勒经变

图36 莫高窟－初唐第220窟－主室南壁－无量寿经变（局部）

图37　莫高窟–初唐第321窟–主室北壁–无量寿经变（局部）

图38　莫高窟–盛唐第172窟–主室北壁–观无量寿经变（局部）

图39　莫高窟–盛唐第148窟–主室西壁–高远山水

图40　莫高窟–盛唐第172窟–主室东壁–平远山水

图41　莫高窟–盛唐第103窟–主室南壁–深远山水

图37	图38
图39	图41
图40	

七、结语

总的来说，敦煌壁画对中国绘画史研究的意义重大，主要表现在三个方面：首先，敦煌壁画在很大程度上可以复原南北朝至唐代的中国绘画史；其次，敦煌壁画的资料在很多方面改变了对传统绘画史的认识，拓宽了中国美术史的视野；最后，敦煌壁画体现着中国传统绘画的精神。

谢谢大家。

（注：本文根据作者在 2021 年 10 月 11 日 "第四届敦煌服饰文化论坛" 上的发言整理而成。）

陈振旺 / Chen Zhenwang

设计学硕士，敦煌学博士，日本电通株式会社、英国南岸大学访问学者。现为深圳大学学术委员会委员、艺术学部美术与设计学院教授、硕士生导师，《工业工程设计》杂志专家委员会委员，中国敦煌吐鲁番学会理事，深圳大学印度研究中心兼职研究员。主要研究领域为敦煌艺术创新、设计艺术历史与文化研究。出版教材两部：《图形创意》《视觉传达设计》；专著一部：《隋及唐前期莫高窟藻井图案研究》；发表论文三十余篇，获得国内外艺术大赛奖项四十余个，指导学生参加各类艺术竞赛获得奖项三十余个，获六项最佳指导老师奖。主持国家社会科学基金项目、教育部人文社会科学青年基金项目、广东省人文社会科学研究项目等科研项目十余项。

敦煌艺术的现代视觉转化探索

陈振旺

首先，感谢北京服装学院及敦煌研究院各位领导、老师的推荐，使我有机会和大家分享这几年在敦煌艺术教育方面的一些体会。今天和大家分享的主题是《敦煌艺术的现代视觉转化和探索》。这些年来，我在教授设计史、图形设计、毕业设计课程时，都会有意识地把敦煌艺术贯穿到课程内容和学生们的毕业设计选题里。

敦煌艺术再生问题既是理论问题，也是现实问题。近几年，本人从理论研究和现实应用两个方面同时发力，将敦煌艺术学习和现代视觉转化命题带进课堂，探索敦煌艺术现代视觉转化的具体方法，探求民族艺术如何在全球化背景下焕发新的生命，激发学生对传统艺术的学习热情，展现敦煌艺术新的形态，促进敦煌艺术的传播，这或许是对"敦煌文化走出去""说好中国故事"的有益补充。敦煌艺术的现代视觉转化以"发现传统，再造时尚"为魂魄，从现代设计的各种风格中汲取灵感和方法，"史"的东西，充满"活"的创意。首先学会规则，再打破规则，才能实现敦煌艺术的现代转化，契合当下审美潮流，从而实现"古为今用""中西合璧"。

一、Z世代审美

当今"90后""00后"，形成了一个新型的审美现象——Z世代审美。根据消费者的出生年龄可以将其划分成X、Y、Z世代（图1）。

Z世代基本是"95后"群体，他们和"60后""70后""80后"的成长环境、生活环境有很大的差别，在消费行为、消费选择、审美形象上也有很大的变化。通常，品牌营销的目的都是对消费群体的争夺，所有的传播也要注重传播的渠道和效果。今天，传统艺术的保护、承传、弘扬，其实也是对年轻群体的争取，其效果取决于传统艺术的创新和传播策略。因此，从设计专业角度出发，在做品牌形象、包装、广告的时候，就一定要把握Z世代的审美偏好及消费心理。传统元素需经过设计改造和创新才能吸引年轻消费群体。这些年对于Z世代的研究很多，不仅出现在品牌营销领域，在汽车设计、建筑设计、服装设计等领域也都有所渗透。有这样一句话："当今社会审美更加多元化，Z世代群体的消费行为和审美选择是不可以被征服的，要想获取Z世代群体的信息，最好的方式就是把自己变成类似的模样。"

当前，审美偶像在变迁，审美更多元化，设计不仅是审美，但设计绝对绕不开审

图1 人群世代的划分

美。当前美和丑的二元转化正在加剧，审美的标准正在重构，公众的审美标准变得非常多元。我对学生的设计要求就是不固定某种风格，让他们以自己的理解和所喜欢的方式表达他们的想法。

如图2所示是民国时期的广告，这些海报是当年的时尚，虽然用今天的眼光来看它可能已经过时了，但我们可以对它进行重新诠释：比如鸡牌香烟的案例，原始的包装形象经过了再设计（图3），通过前后对比，我们能够看到今天人们所理解的前卫、时尚、趣味和20世纪80年代有巨大的反差。如图4所示的案例都是学生改造的趣味化的设计作品。

图2
图3

图2 民国时期海报

图3 学生海报再设计作品

图4　学生改造设计案例

二、设计史中的N种设计风格

　　那么改造传统艺术有没有什么方法可循呢？本人在讲授设计史课程的时候，把设计史上的各个年代曾经流行或有重大影响的设计风格进行了系统的梳理（图5），从中应该可以得到灵感启迪和各种方法的启发。设计审美有时也是轮回的，从今天流行的作品上依然能够看到几十年前各种设计风格的影子。

　　授课过程中，我给学生列举了大量案例，他们需要明白这些优秀的作品和活跃在当下的设计大师来自何处，他们学的不是僵化的过去，而是来自历史的参照、坐标及灵感。讲解设计史的时候，通常通过5个维度（图6），对各种设计现象、流派的脉络进行梳理，让学生对各个设计现象和流派有所了解。为什么要去学习设计史？其实是要活学设计史，用多种方法结合传统的文化，比如敦煌艺术，再进行设计实践，通常我会给学生们制订一个明确的学习计划（图7）。

第一周	第二周	第三周	第五周	第七周	第九周	第十周	第十二周	第十三周	第十六周	第十七周
专题1	专题2+3	专题2+3	专题4	专题6	专题7	专题8	专题9	专题9		
课程介绍+信息可视化设计	工艺美术运动+信息可视化设计	新艺术运动+信息可视化设计	现代主义艺术对平面设计的影响	包豪斯与新平面设计风格的形成	国际主义风格的兴起+作业点评	日本现代设计+作业点评	现代主义之后的设计思潮-1	现代主义之后的设计思潮-2	开卷考试	图录设计展示和讨论

图5　设计史课程讲授内容

WHEN
WHERE
WHY
WHAT
WHO
理论
背后直接原因
现象
表现的历史
“5 W”塑造一个清晰的历史

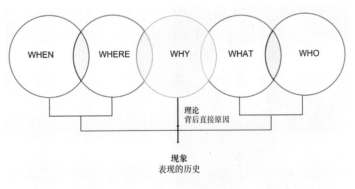

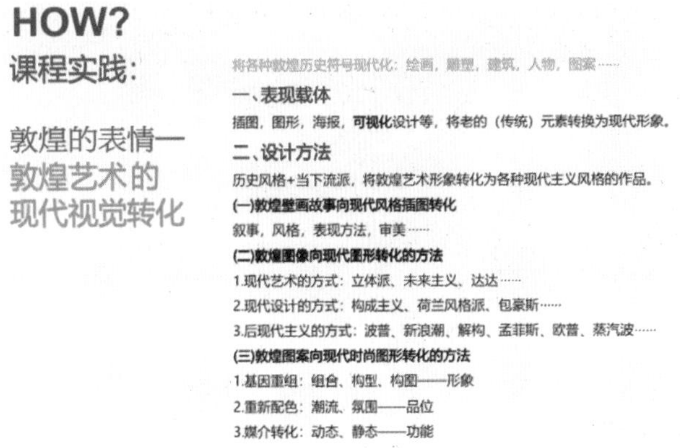

HOW?
课程实践：
敦煌的表情—
敦煌艺术的
现代视觉转化
将各种敦煌历史符号现代化：绘画，雕塑，建筑，人物，图案……
一、表现载体
插图，图形，海报，可视化设计等，将老的（传统）元素转换为现代形象。
二、设计方法
历史风格+当下流派，将敦煌艺术形象转化为各种现代主义风格的作品。
(一)敦煌壁画故事向现代风格插图转化
叙事，风格，表现方法，审美……
(二)敦煌图像向现代图形转化的方法
1.现代艺术的方式：立体派、未来主义、达达……
2.现代设计的方式：构成主义、荷兰风格派、包豪斯……
3.后现代主义的方式：波普、新浪潮、解构、孟菲斯、欧普、蒸汽波……
(三)敦煌图案向现代时尚图形转化的方法
1.基因重组：组合、构型、构图——形象
2.重新配色：潮流、氛围——品位
3.媒介转化：动态、静态——功能

图6　设计现象5个纬度

图7　设计史课程要求

图6 ｜ 图7

三、敦煌艺术的现代视觉转化方法和实践

1. 立体主义方法

第一种方法是立体主义方法。世界现代设计史大约从19世纪60年代英国工艺美术运动开始，经历了大概60年时间，无论绘画还是设计都逐渐进入了现代主义时期。在现代主义之前是前现代主义：经历了工艺美术运动、新艺术运动和装饰主义运动。绘画进入现代主义的标志是立体主义，其标志性的作品是巴勃罗·毕加索（Pablo Picasso）的《亚威农少女》（图8）。1910—1912年分析立体主义时期对于色彩、形式、结构都提出具体的分析原则，在绘画上逐步走向理性分析的方向。《亚威农少女》这幅作品已经开始出现解析几何和抽象组合的绘画方式。

立体主义代表人物有：毕加索、乔治·布拉克（Georges Braque），其中影响力最大的是毕加索，当下流行的很多视觉传达作品依然能够看到毕加索作品的影子。以今天的视角来看，当年毕加索的绘画，其实不像是绘画，而更像是设计。西方设计学院的这种绘画观念领先于中国很多年。近年来，中国的美术生学习的绘画基本上仍以写实为主，而西方美术史中的作品却会给人带来一种很惊异、惊愕的感觉。在20世纪20年代和30年代，欧洲各种现代主义的流派层出不穷，写实已并非当时的主流，这种新的绘画方式对当时的设计产生了非常深刻的影响。

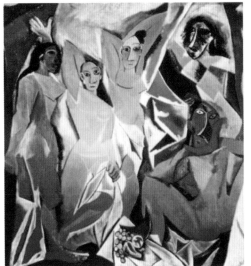

图8　《亚威农少女》（毕加索，1907年，美国纽约现代艺术博物馆藏）

图9是毕加索的作品《格尔尼卡》，这幅作品和古典主义的绘画不一样，它的叙事是多维的。对比毕加索的作品和敦煌壁画就会发现，其实在敦煌壁画中也有很多超越时空的表达，把多个情节、比较长的故事留在一个画面里（图10、图11）。毕加索的作品还运用了解构、几何化的方式。当代很多画家在进行设计、绘画、创作时，是否可以从立体主义的绘画中提取灵感，并借鉴他们的一些叙事方式呢？

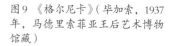

图9 《格尔尼卡》（毕加索，1937年，马德里索菲亚王后艺术博物馆藏）

图10 莫高窟－北魏第257窟－主室南壁－沙弥守戒自杀缘品

图11 莫高窟－北魏第257窟－主室西壁－九色鹿本生故事（局部）

图9

图10

图11

图12是1922年爱德华·麦肯奈特·科夫（Edward Mckinght Kauffer）为伦敦地铁设计的海报，这幅作品和毕加索的作品非常接近。立体主义的表达方式最大的特点就是视错觉、多角度。对于传统艺术的转化，如对敦煌艺术的转化是不是也可以这样做呢？传统文化创新、传统历史转化是否有什么方式可以学习呢？创新到底要怎么创新？有没有具体的案例可以参考、具体的方法可行呢？

在毕加索的作品《吻》（图13）之前，印象主义受东方绘画影响较多，例如保罗·塞尚（Paul Cézanne）等人的作品受到了浮世绘风格的影响。我认为毕加索的作品狂野、怪诞的感觉或许与敦煌艺术有一些相通（图14），这二者之间并非泾渭分明。

学生根据敦煌壁画中的"白牛"形象（图15），用立体主义的解构方式重新进行解构、诠释创造了设计作品（图16）。

图17是学生将敦煌壁画中的人物元素提取出来，再用图形的形式去表达和再设计的作品。这些作品都是学生的尝试、试验和实践。如今，多数年轻人认为传统文化相关的设计并非是他们的"菜"，他们想去学习与流行文化相关的设计。当代年轻人如何能够接近、理解传统文化呢？如果他们能够有机会学习传统艺术、文化，能够用上述的方法来进行实践、创新，或许就会对传统文化的创新有所推动，毕竟文化的传承和创新都需要由年轻人来推动。

2. 达达主义方法

第二种方法是达达主义方法。达达主义于1915—1922年产生于瑞士的苏黎世，代

图 12 伦敦地铁海报（爱德华·麦肯奈特·科夫，1922 年）

图 13 《吻》（毕加索，1969 年，法国巴黎毕加索博物馆藏）

图 14 莫高窟 - 北周第 428 窟 - 主室南壁 - 说法图听法菩萨

图 15 莫高窟 - 中唐第 360 窟 - 主室南壁 - 白牛

图 16 学生设计作品 1

图 17 学生设计作品 2

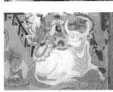

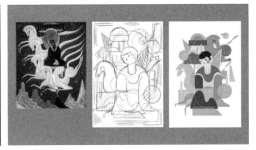

表人物有马塞尔·杜尚（Marcel Duchamp）、约翰·哈特菲尔德（John Heartfield）等。其背景是第一次世界大战时的青年为了躲避战乱，云集在苏黎世从事艺术活动，发泄情绪、抚慰心灵。"达达"一词，意即玩具马，人们认为这个名字很怪诞、有趣。这是西方现代主义流派的又一种表现形式，和立体主义几乎是同一时期。

达达主义的意思就是好玩、搞笑，类似现在很多年轻人创作的涂鸦、表情包等（图 18）。为迎合年轻人的审美，设计师可以学习"达达"，可以用达达的方式进行设计转化（图 19）。

敦煌艺术与达达艺术似乎也是有联系的。例如敦煌莫高窟第 254 窟主室南壁的降魔变（图 20、图 21），这幅壁画的立意、构成以及形象，在艺术思维上和达达主义其实很接近，在达达主义的作品里也出现过类似的妖魔鬼怪形象。所以，现代主义艺术和中国的传统艺术，并不是泾渭分明、非此即彼，西方现代主义中的素材、风格、思维在中国传统艺术里也都可以找到。

围攻释迦的魔军中，具有"贪、嗔、痴"形象象征的魔众

3. 超现实主义方法

第三种方法是超现实主义方法。超现实主义是欧洲出现的另外一个重要的现代主义艺术运动。顾名思义，"超现实"是指凌驾于"现实主义"之上的一种反美学的流派，形成于第一次世界大战刚刚结束的时期。战争对欧洲文明造成了巨大的破坏和损害，使大量知识分子感到茫然，因此不少人出现虚无主义的思想。代表人物有胡安·米罗（Joan Miró）、萨尔瓦多·达利（Salvador Dalí）、勒内·弗朗索瓦·吉兰·马格里特（René François Ghislain Magritte）等。

超现实主义风格对中国现代设计的影响不是很明显，对西方现代设计的影响是比较强烈的。在超现实主义风格的作品里，能够看到作品之间是有密切关联性的。如图22所示是德国画家冈特·兰堡（Gunter Rambow）的作品，图23和图24是马格里特的作品，这两幅作品中的设计方法都是来自现代主义方法。冈特·兰堡的作品和马格里特的作品之间是不是有很大的相似性呢？那能说这是抄袭吗？不能，因为这是一种艺术形式，但是冈特·兰堡的确借鉴了马格里特的作品。由此表明，这些现代主义的绘画大师从超现实主义的绘画中汲取了灵感。

其实，敦煌壁画中有很多形象类似于马格里特作品中的超现实形象（图25），对于这些形象，我们可以用什么样的方式来进行新的诠释和创造呢？作为画家和设计师，

陈振旺｜敦煌艺术的现代视觉转化探索

图 22　戏剧《哈姆雷特机器》的招贴（冈特·兰堡，1980年）

图 23　马格里特的作品1

图 24　马格里特的作品2

图 25　莫高窟－北魏第254窟－主室南壁－降魔变中的魔众形象

| 图 22 | 图 23 |
| 图 24 | 图 25 |

应该要结合众多的绘画流派，用不同的表现形式对传统形象进行提升。

　　例如，对比萨尔瓦多·达利的绘画作品（图26）和敦煌壁画（图27）。首先在立意上，它们都宛若梦境，都是超越真实的、客观的世界，敦煌壁画中也有超现实的内容，例如树上生衣、兜率天宫、乐器不鼓自鸣等。

　　图28是学生根据敦煌壁画创作的主题作品。图29是华为公司推出的壁纸，从中可以看出作品的构成形式及超现实的表达方式。

　　图30是学生的毕业设计作品，设计主题为"荒漠猫"，以敦煌特有的荒漠猫为题材，编写了一个故事。这种动物已经濒临灭绝，作者看到新闻报道之后，想从荒漠猫的视角来表现莫高窟1600多年历史的变迁，从而做了一个绘本。画面的构图方式很多都借鉴了现代绘画方式。

　　图31是学生正在进行创作的敦煌题材设计作品。目前市面上所售的传统故事类绘本主要针对少年儿童，针对成年人或者全年龄向的绘本很少，而敦煌壁画中的故事情节

025

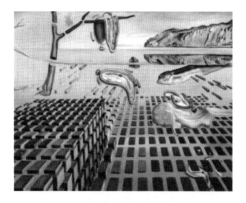

图26 《蜕变的永恒的记忆》
（萨尔瓦多·达利）

图27 莫高窟－初唐第321窟－
主室北壁－阿弥陀经变

图28 敦煌文化主题创新设计
获奖作品

图29 华为公司敦煌系列主题
壁纸

图30 "荒漠猫"主题毕业设计
作品

图26	图27
图28	
图29	
图30	

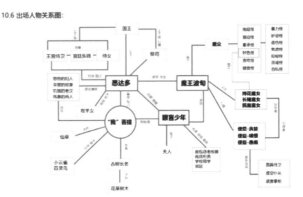

敦煌《降魔成道》故事画的绘本创作

汇报人：李卓惠　指导教师：陈振旺
1910506054

北魏254窟《降魔称道》故事画中的妖怪形象

通过对故事情节的合理改动，恰当的图形表现形式，删除原故事中一些负面的、血腥的内容，添加或修改成更加宜面向大众展示的表现手法，可以将这个故事的道理更加清晰地传递给观众，达到正面的引导作用。在视觉表现形式上，加入现代元素，与传统故事相结合，探索此绘本的更多可能性，从而达到更好地传达目的。

北魏254窟《降魔称道》故事壁画

10.6 出场人物关系图：

图31　《降魔成道》故事画绘本创作及思路

和所传达的道理都更适合成年人理解，所以，敦煌题材的故事绘本拥有较大的市场潜力。作者希望通过敦煌壁画中《降魔成道》的故事画，结合当下社会，讲述释迦牟尼在成佛之前要经历的诱惑和挑战，对敦煌壁画的诠释和创新要和当下社会的审美需求及艺术治疗相结合，因此，故事画脚本可以将故事中的人物角色与现代社会结合起来。例如《降魔成道》故事画中的魔君形象可以和当下社会中的各种心魔，如焦虑、抑郁、自私等概念结合，使作品具有时代文化的特征，并与现代社会有一定的普适性，从而符合现代大众的口味。

4. 包豪斯设计方法

第四种方法是包豪斯设计方法。包豪斯学校是现代设计的摇篮，其教学方式成了世界许多学校设计教育的基础。包豪斯风格的影响不仅在于它的实际成就，还在于它的精神，其思想在很长一段时间内被奉为现代主义经典。这种现代主义的方式包括几何化、立体化、构成化、装饰化、曲线化，是现代主义的集大成者。

特奥·凡·杜斯伯格（Theo van Doesburg）提取保罗·塞尚的作品（图32）做成的抽象形式的作品，如图33所示。塞尚的作品其实已经比较现代了，但杜斯伯格先把它变成了几何主义风格，随后把它变得更为抽象，从而在画面里逐渐看不到具体的形象了。

这些作品对当时社会产生了深远的影响，特别是日本，较早地受到了欧洲这些艺术的影响。图34是20世纪70年代日本设计大师田中一光的作品，20世纪70年代日本的设计已经到了较高的水平，他们把日本的这些传统形象，用现代的方式来表现。

图35是网络上一些传统艺术创新设计作品，图36是学生将包豪斯风格与中国元素结合的练习作品。

图32　｜　图33

图32　《玩牌者》（塞尚，1893年，法国巴黎卢浮宫博物馆藏）

图33　《玩牌者》（杜斯伯格，1917年，荷兰海牙市立博物馆藏）

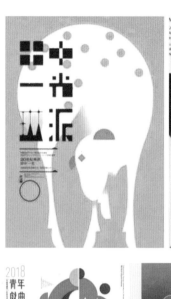

图34　田中一光设计作品

图35　传统艺术创新设计作品
（网络收集案例）

图34

图35

5. 波普艺术方法

第五种方法是波普艺术方法。波普艺术是后现代艺术的表现形式之一，是对现代主义的挑战和修正。波普平面设计风格是一种流行风格，20世纪50年代中期诞生于英国，又称"新写实主义"和"新达达主义"，它反对一切虚无主义思想，通过塑造那些夸张的、视觉感强的、比现实生活更典型的形象来表达一种实实在在的写实主义。波普艺术最主要的表现形式是图形化（图37、图38）。

6. 孟菲斯设计方法

第六种方法是孟菲斯设计方法。在1980年的12月，一群性格古怪的意大利家具设计师，出于对极简主义的厌倦，他们决心打破各种束缚。不久，一个新的"天团"——孟菲斯（Memphis）诞生了，也成就了这个不受拘束的创意美学运动——孟菲斯设计。

潮流是轮回的，孟菲斯风格流行于20世纪70～80年代的意大利，但是在21世纪，孟菲斯风格又复活了。近几年各大设计平台都有大量此类的设计作品，在中国呈现出逐渐流行的趋势。如腾讯公司、华为公司所设计的网站界面和壁纸，都在使用这种风格，再次说明过去的风格并非死去，而会在当下复活。但这种复活并不是简单地回到过去，而是要变革和创新。

孟菲斯风格的特征是非功能化的设计，天真滑稽、怪诞、离奇、情趣、随机和趣味性，具有明快、彩度高的明亮色调，强调几何结构、波形曲线、曲面和直线、平面的组合。涵盖了波普艺术、装饰艺术和复古风在内的多种设计风格，并且反对冰冷乏

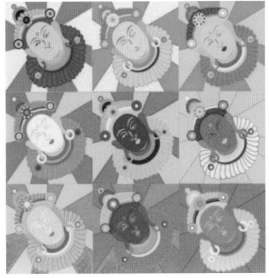

图36　图37
　　图38

图36　学生设计作品3

图37　《玛丽莲·梦露》［安迪·沃霍尔（Andy Warhol），1962年，美国纽约画家贾斯珀·约翰斯（Jasper Johns）收藏］

图38　学生设计作品4

图39 ｜ 图40

味的现代主义，提倡有趣的装饰，强调手工艺方法制作的产品，并积极从波普艺术、东方艺术、非洲艺术、拉美艺术等传统艺术中寻求灵感，形式怪诞，趣味天真，颇具象征意义（图39）。

图39 孟菲斯风格的敦煌元素文创设计

图40 孟菲斯风格的敦煌元素海报设计

　　孟菲斯风格的设计都尽力去表现各种富有个性化的文化内涵，从天真滑稽到怪诞、离奇。在色彩上常常故意打破配色规律，喜欢用一些明快、风趣、彩度高的明亮色调，特别是粉红、粉绿等色彩，背景都使用了几何化的分割方式。图40的设计作品尝试将敦煌的纹样元素与人物元素结合起来，呈现出敦煌文化多彩的样貌，并贴近孟菲斯的总体设计印象，色彩大胆鲜明，古朴的敦煌乐伎也能通过现代的设计变得新颖。

　　7. 欧普艺术方法

　　第七种方法是欧普艺术方法。图41是网络收集的服装设计作品案例，图42是学生把敦煌壁画中的图案元素欧普化的设计作品。

四、结语

　　世界现代设计思潮林林总总，设计主张和方法有很多，此次分享了其中的七种，希望让学生们在设计时有方法可循，创作出既有传统文化魂魄，又有现代审美精神的作品。今后我还会继续进行这方面的探索和实践，希望以后能带来更多、更新的作品，诠释敦煌文化和艺术精神。希望有更多的年轻人能关注中国传统文化、坚持学习传统艺术，并且把传统艺术现代化、时尚化，从而让传统文化更好地展现在当下，讲好中国故事，建立中国文化符号的新形象，助力中国文化走出去。谢谢大家！

图 41 服装设计作品（网络收集案例）

图 42 学生设计作品 5

图 41
———————
图 42

（注：本文根据作者在 2021 年 10 月 11 日"第四届敦煌服饰文化论坛"上的发言整理而成。）

阮 立 / Ruan Li

阮立，女，上海大学美术学博士，南京艺术学院美术学博士后，现为江苏经贸学院艺术设计学院副教授，主要研究方向为佛教艺术与近现代美术。在《东南文化》《美术与设计》《荣宝斋》《中国美术研究》等杂志发表论文二十余篇，于2016年获江苏省博士后课题一项。出版专著《唐敦煌壁画女性服饰美学研究》（2015年，兰州大学出版社），《近现代工艺美术研究》（2018年，东南大学出版社）。2017年受法国巴黎第十大学邀请参加第十一届国际道学会议并作分会报告，2019年受邀参加美国洛约拉马利蒙特大学举办的第十三届国际道学会议并作分会报告。

唐敦煌壁画女性服饰美考探

阮 立

我非常荣幸能参加第四届敦煌服饰文化论坛，本次发言的题目是《唐敦煌壁画女性服饰美考探》，这是我多年前在上海大学读博期间的研究。去敦煌石窟考察时，我深深被敦煌艺术所震撼，被敦煌的服饰文化所吸引。经过对克孜尔石窟艺术、印度佛教艺术的考察，发现两者与敦煌之间有着深厚的文化艺术渊源。

本研究从以下六个方面展开：第一，绪论；第二，佛入中土之混融；第三，唐敦煌壁画女性服饰艺术美学特征；第四，唐敦煌壁画女性服饰艺术的色彩美；第五，唐敦煌壁画女性服饰艺术的形式美；第六，唐敦煌壁画女性造型的美学意义。

一、绪论

敦煌在丝绸之路上的特殊地位使它在欧亚文明互动、中原民族和少数民族文化交融的历史进程中占有重要的地位。公元四至十四世纪，古敦煌地区受到佛教的影响，古代艺术家们在此建造了敦煌莫高窟、西千佛洞、安西榆林窟等一批佛教石窟，统称为敦煌石窟。通过敦煌石窟和敦煌藏经洞的出土文物，可以了解到欧亚文明的互动、中原和少数民族文化经济交融的历史。

敦煌文化的兴衰又与丝绸之路的繁荣与衰落息息相关。自汉代以来，丝绸之路的开辟以及长期的繁荣，给中西文化的传播与交流提供了巨大空间，位于丝绸之路要道的敦煌便在东方与西方文明的交流与融合中，发展了自身独特的文化艺术。

敦煌石窟是世界上保存古代壁画面积最大、延续时间最长、艺术价值最高的人类文化艺术瑰宝，是石窟艺术的重要组成部分。敦煌壁画内容虽然以佛教为主，但其描绘塑造的人物却包罗万象，因此各类人物所穿的衣冠服饰也纷繁复杂、绚丽多姿，包含了大量精美的服饰艺术。其中，唐敦煌壁画中妇女服饰则更是绚丽多彩、雍容华贵，是研究敦煌艺术女性服饰文化最具代表性的形象资料。

唐代统治者十分尊崇佛教，唐代近三百年间，在敦煌凿建了两百多个洞窟，是佛教艺术最为辉煌的时代。以敦煌地方历史实况和石窟艺术风格特征分类，可分为初、盛、中、晚四时期。

唐敦煌壁画中菩萨、飞天、乐舞伎的形象随时代变迁逐渐女性化，其造型、服饰、妆扮，女性化特征明显。唐敦煌壁画中的女供养人表现的是唐各阶层世俗女性形象，她们的造型、服饰、妆扮与唐敦煌壁画中菩萨、飞天、乐舞伎的形象存在很大的共性，故本文将其作为一个整体展开系统研究。

印度佛教艺术东传中原，对我国的文化、艺术乃至人们的日常习俗都产生了深远影响，特别是印度佛教艺术中的药叉女形象，对整个唐代绘画艺术中女性形象的塑造都有重要的借鉴意义。在研究过程中，本人去我国甘肃敦煌、新疆克孜尔，以及印度佛教圣地进行实地考察，参观了敦煌部分石窟、克孜尔石窟。在佛教艺术的起源地印度，参观加尔各答印度博物馆巽伽时代巴尔胡特断墙残垣（公元前2世纪），塔门侧有著名的旃陀罗药叉女，博物馆内还陈列有大量贵霜时代的马图拉药叉女的形象。药叉女的S形曲线展示了充满动感的印度标准女性人体美，这种充满动感的女性形象随着佛教艺术东传中原，对中原文化中固有的女性审美观起了颠覆性的作用。

图1是十年以前在印度桑奇大塔拍摄的药叉女像，表现了公元前3世纪的印度女性形象。药叉女手攀芒果树，身姿妖娆，展现了S形的曲线美。从图中可以看出印度药叉女的表现和渊源都是一脉相承的（图2～图4）。其实，药叉女就相当于现在所说的一种图腾，它是丰盛、丰收的象征，是对生殖的一种崇敬。

唐代妇女的服饰文化是唐代文明的重要组成部分，服饰以其艳丽多彩、款式众多、

图1　印度桑奇大塔－药叉女像（公元前3世纪）

图2　药叉女像（公元前2世纪巽伽时代，加尔各答印度博物馆藏）

图3　药叉女像（公元前2世纪巽伽时代，加尔各答印度博物馆藏）

图4　药叉女像（公元前2世纪，印度马图拉博物馆藏）

装饰新颖、典雅华贵而著称，体现了唐代文化的博大精深。唐代妇女的服装、配饰、妆饰在发展变化中主要经历了三个阶段：初期承袭汉魏北朝风俗，短衣长裙，配饰简约；中期衣裙华丽，胡服盛行；晚期衣博裙阔，妆饰繁丽。这样阶段性特征与唐代社会的发展进程紧密相连。

二、佛入中土之混融

1. 西域和外来风格的影响

佛教和佛教艺术始创于印度，风行于中亚，与古希腊、古罗马、波斯艺术融合之后，并沿着丝绸之路进入西域，在辽阔的西域大地上扎根开花。

在汉代及以前，人物画有了很大的发展，但是画家只是单纯以线条表现人体，并没有对人体结构进行具体的表现，更没有系统地对人体规律进行探讨。魏晋时期是绘画艺术的觉醒期，东晋著名画家顾恺之的《洛神赋图》在人物造型上延续了汉代以来的以线描造型的手法，在人体结构与比例上还存在诸多的不足。

随着佛教传入中国，也将印度佛教艺术带入了中国，将全新的绘画手法传入中国。当时外来的佛教绘画理论没有系统地流传下来，但从新疆克孜尔石窟、甘肃敦煌石窟壁画中，可以看到与汉晋中国传统人物画不一样的绘画技法，这些画法对中国绘画产生了深远影响，特别是对隋唐绘画艺术产生了重要影响。外来的绘画艺术虽然没有完全被中国艺术家全盘接受，但不可否认它影响了中国艺术家对人体结构的认识，让他们认识到人体结构的重要性，并开始探索人物画的规律，从而在吸收外来艺术养料的同时，形成中国式的人物表现手法。

汉末以后，佛教传入中国，佛教的雕塑与绘画艺术也随之传入中国。这些雕塑是中国艺术家从未见过的，因而影响到中国画家与雕塑家的审美与创作。一方面按照宗教的要求，以印度、西域地区雕塑绘画中的佛像为摹本，进行摹仿制作；另一方面由于当时传入的佛像画有限，在样本不足的情况下，由本地的艺术家们根据佛经的要求，通过自己的想象来进行创作。因此，在最初的壁画和雕塑中，出现了外来艺术与本土艺术杂糅在一起的情况，带有浓厚的本土风格，形成西域各石窟壁画和雕塑的不同艺术风格。而敦煌由于其特殊的地理位置，东接中原、西邻新疆，是丝绸之路上的重镇，所以敦煌艺术风格的形成离不开西域佛教艺术的影响。

龟兹壁画、敦煌壁画的渊源都可以追溯到印度，如果把龟兹壁画作为标准的"西域风格"，在敦煌早期壁画中可以看到大量的受"西域风格"影响的画法。

在克孜尔壁画中菩萨上半身皆赤裸，人物上半身的六个块面非常明显，这种人物肌体的表现方法，源于古希腊、古罗马的造型艺术，这种造型艺术深深影响了北印度的犍陀罗地区，进而波及中国的西域地区。而克孜尔石窟中的人物造型，在继承犍陀罗艺术的人物造型手法之后，逐渐显得程式化。莫高窟早期壁画中众菩萨、天人皆上身赤裸，其造型尚未完全掌握龟兹的画法，显得概念化，但在一定程度上体现着龟兹画风。

唐敦煌壁画受"西域风格"的影响是很大的，可以看到克孜尔石窟中的这个飞天的形象（图5）继承了印度佛教艺术的影响，受到了西方艺术犍陀罗风格影响，对人体的表现体现为六个块面。而盛唐时期莫高窟第445窟的一组菩萨像（图6），菩萨作"游戏坐"式于莲台上，人体结构接受了西方艺术的影响，解剖的结构非常清楚。

2. 中原风格的交融

在北魏孝文帝改制、实行汉化之前，北方石窟艺术多属于鲜卑化的西域风格。其人物造型体现出脸圆、直鼻、面带笑容、体态健壮且衣纹贴体。太和十八年提倡汉装，孝文帝改制以后，云冈、龙门和北方诸窟中，佛像的装扮呈现出南朝士大夫形象，其衣冠服饰完全汉化，这与画史上始于顾恺之、戴逵，成于陆探微的"秀骨清像"的中原风格是相统一的。因此，敦煌不光受到印度的影响，还受到中原文化的影响。

在顾恺之的作品中，秀骨清像的风格贯穿于这一时期，例如《洛神赋图》。在隋唐时期，这种秀骨清像的风格得到延续与发展。初唐时期著名画家阎立本的《步辇图》中众宫女的形象除了微微丰腴的脸型外，其身躯构造及人物所体现的风格依然来自六朝，来自顾恺之的《女史箴图》《洛神赋图》。在敦煌莫高窟隋唐时期的壁画和彩塑中，这种秀骨清像的风格也得到继承和发展。在初唐敦煌壁画中菩萨的形象依旧保持着，例如莫高窟初唐时期第401窟中的供养菩萨像和莫高窟初唐第375窟中南壁下层的女供养人与侍女的形象，她们的形象和初唐女性的形象相符，也与《步辇图》中宫女的形象相符（图7），可见中原文化对敦煌初唐艺术的渗透。初唐《步辇图》中的女性形象依然与六朝时期秀骨清像的这种风格特征一脉相承。

中国传统绘画艺术是以点线为根本，这为敦煌艺术所继承。线描是中国壁画艺术的优良传统，敦煌壁画从魏晋到宋元一千余年间，自始至终都是以线描作为主要造型手段，一直是以线描作为塑造人物形象的骨干，各时代艺术风格不同，线描也随之演变和发展。传神是造型艺术最高的标准和要求，以形写神也是中国千百年来绘画的体现，也是敦煌石窟艺术所体现的我们的民族风格。

图5　　　图6

图5　克孜尔石窟 - 飞天形象

图6　莫高窟 - 盛唐第445窟 -
主室北壁 - 菩萨像

图7　步辇图（唐，阎立本）

图8　莫高窟－隋代第389窟－主室南壁下部－供养人像

图7　｜　图8

3. 敦煌本土元素的影响

敦煌地处两关，地理位置极为优越，使它能不断接受中西方的新文化，保持自己独特的风貌，所以说敦煌石窟应该是一个内容丰富、形式多样，形成自己独特风格的艺术宝库。

4. 由隋到唐风格的演变

隋朝历史尽管短暂，体态清瘦窈窕、面容丰满圆润是当时中西文化融合下的时代美特征（图8）。

三、唐敦煌壁画女性服饰艺术美学特征

（一）唐敦煌壁画女性服饰的技术美

唐敦煌壁画女性服饰的技术美主要体现在以下三个方面。

1. 面料的选择和特点

唐代纺织物以丝绸生产为主，丝绸纺织业发展迅速，全国各地都有自己的代表性丝织品种。唐代张彦远《历代名画记》卷十记载，当时"陵阳公样"非常盛行；先织后染花纹纺织物，名叫"染缬"。唐代纺织业的发展大力推动了印染业的兴盛，用草木的花叶、茎实、根皮作染料，染制青、黄、白、紫等各种颜色，染织业中涌现出印花染色的新工艺——夹缬（图9）和蜡缬两种新的印染方法，另外，唐代还有一种"堆绫贴绢"加工方法。

2. 精妙的丝织纹样

唐代的卷草纹样是当时非常流行的一种广泛的创作题材，唐代丝绸用色十分丰富，配色鲜明、强烈且艳丽，格调明快。

"对波纹"是丝绸纹样中一种骨架构图的名称，盛行于南北朝至隋唐。然而，不仅用于丝绸，它同时也是装饰艺术中的流行纹样，或者可以说丝绸纹样中的对波骨架的设计构思是来自建筑装饰，而自先秦以来，建筑及室内布置与丝绸的关系始终是非常密切的。对波纹大致有两种形式：相互交缠与不相交缠。印度桑奇大塔对波纹的运用非常多（图10），可以看到这种来自于印度的对波纹在敦煌壁画中被广泛地使用、学习和吸收（图11）。

所谓"忍冬纹"是近世方始采用的名称，目前已是约定俗成，然而它并非中土固有的命名。林徽因《敦煌边饰初步研究》一文曾述其源流："忍冬纹原初是巴比伦－亚述系统的一种'一束草叶'的图案"。进入唐代以后，两种式样的对波纹依然盛行不衰，而更添注画意，挥洒出线条之美（图12）。

卷草纹又称"蔓草纹"，它吸收了宝相花和缠枝花的特点，因其卷曲状的花草纹样而得名，是传统装饰纹样之一。唐代卷草纹把花的整个生长过程组合在一起，整合成一个纹样，显示出中国古人的聪明智慧和丰富浪漫的想象力（图13）。

宝相花本为佛教中的一种代表性纹样，佛教中用"宝相庄严"一词称谓佛相，因此得名"宝相花"。虽然唐代宝相花的纹样源自莲花，但它在吸收了牡丹、茶花等特色后，变成了一种全新的装饰纹样，成为唐代中国佛教植物装饰纹样的代表（图14、图15）。

3. 唐代敦煌壁画图案的设计及艺术表现

比较著名的纹样有唐卷草纹、宝相花纹、联珠纹、陵阳公样、瑞锦纹等典型的唐风式样，在唐锦中还出现了凤鸟云花相结合的图案形式。

唐敦煌壁画《都督夫人礼佛图》中，前3人为主要人物，穿贵族命妇盛装，贵妇服饰上图案皆为花卉纹样，构图活泼、疏密匀称、色彩艳丽；后9人为奴婢。这幅画是敦煌壁画中的代表作（图16）。唐代服饰图案，改变了以往那种天赋神授的创作思想，用真实的花、草、鱼、虫进行写生。

敦煌晚唐第9窟壁画中绘有众多女供养人像（图17），命妇宽幅大袖袖口上花纹就是对波纹，对波的形式以蔓草纹表现。命妇曳地长裙上的图案花团锦簇，以团花图案为主，以花卉纹、宝相花纹、联珠纹为代表。

| 图9 | 图10 | 图11 |
| 图12 | 图13 | 图14 |

图9　狩猎纹夹缬绢（唐，新疆维吾尔自治区博物馆藏）

图10　印度桑奇大塔－对波纹浮雕

图11　莫高窟－中唐第361窟－主室窟顶－对波纹

图12　对波纹锦残片（北朝，中国丝绸博物馆藏）

图13　莫高窟－隋第420窟－主室南壁－对波纹和卷草纹

图14　莫高窟－盛唐第217窟－主室西壁－项光

图 15　莫高窟－中唐第 201 窟－藻井－宝相花图案

图 16　莫高窟－盛唐第 130 窟－甬道南壁－《都督夫人礼佛图》

图 17　莫高窟－晚唐第 9 窟－主室东壁门南侧－女供养人

图 15　｜　图 16　｜　图 17

（二）唐敦煌壁画女性服饰的艺术美

敦煌艺术的创造者以敦煌当地劳动人民为主体，从现实意义上而言，敦煌艺术是各族人民共同创造的结晶。还有粉本的制作，由于时间原因，此处就不一一介绍了。

四、唐敦煌壁画女性服饰艺术的色彩美

敦煌壁画蕴含着深厚而又独特的文化内涵，将色彩与天地四方的广袤空间联系在一起，表明中国人天人合一的传统色彩观。在色彩观念上从属于中国色彩的同时，丰富多彩的颜料也服务于宗教主题、画面布局等需要，色彩赋予的情感力量也将大众审美推向极乐世界。

马蒂斯曾经说过："如果线条是诉诸于心灵的，色彩是诉诸于感觉的，那你就应该先画线条，等到心灵得到磨炼之后，它才能把色彩引向一条合乎理性的道路。"马蒂斯的观点从另一方面证明了色彩的重要价值。普辛曾经说过："在一幅画中，色彩从来只起着一种吸引眼睛注意的诱饵的作用，正如诗歌那美的节奏是耳朵的诱饵一样。"

敦煌莫高窟中的色彩凸显出的是和谐之美，用色讲究"艳而不俗、浅而不薄"，纵观传统的绘画艺术创作，都很注重色彩的和谐，这与中国人"天人合一"的哲学观是一致的。在敦煌壁画中，虽然壁画色彩非常丰富绚丽，但却没有喧宾夺主之感，艳而不俗，"绚烂之极，归于平淡"，让人肃然起敬。在敦煌壁画中，色彩具有象征意义，起到宗教感化的作用。华贵的题材往往是以金色、红色为主调，象征辉煌灿烂、肃穆雄伟、尊贵典雅的神圣气氛。如金色寓意着高贵庄严和富丽堂皇，所以多用在佛和菩萨衣饰上；黑色或深色的调子则常用于佛教降魔的题材，来体现出悲壮、阴暗的艺术感染力。这些具有象征意义的主观意向性色彩，使人们面对壁画时不自觉进入一个神圣超脱的佛国世界。

随类赋彩是敦煌石窟壁画传统的配色规律，体现了主观控制色彩的能力，充分强调色彩的装饰美，而不是过分地追求色彩的真实感，如红色的力士、青色的金刚、白色的菩萨以及红绿阴阳脸的密教神像等色变。我国传统的绘画艺术及敦煌地区魏晋墓室壁画上的鲜丽色彩为敦煌壁画艺术的赋彩给予充分的养料，印度佛教艺术的传入为色彩的运用提供了新的机遇。

敦煌壁画艺术在保持中原传统线描为主体特色的基础上，创造性发挥和融合东西方色彩理念，从而使其彩绘艺术成为其鲜明的特色。达到了鲁迅先生赞叹的"佛画的灿烂、线画的空实和明快"。

1．初唐时期——和谐温婉

初唐壁画中的人物色彩特点主要分为两种：一种为笔简形具、赋彩清淡的风格；另一种为精雕细刻、灿烂辉煌的风格，这两种画风延续了隋代敦煌壁画的风格特点。属于这种笔简形具、赋彩清淡风格特点的有莫高窟第202窟中赴会菩萨，具有魏晋时期的风格特点（图18）；另一种色彩风格为精雕细刻、灿烂辉煌，如莫高窟第220窟南壁西端的众菩萨像（图19）。

2．盛唐时期——焕烂求备

盛唐时期壁画形式发展成熟，壁画上的人物具有强烈的装饰意味（图20），色彩的表现在叠晕和渲染，很明显这是吸收了印度凹凸法在西域形成的新风格，立体感强，因而服饰的色彩格外丰富、厚重。这一时期所表现出色彩浓烈、张扬，以红、黄为主色调。这一时期的飞天形象，和初唐相比有明显的装饰化的倾向。

盛唐时期的画像，如莫高窟第45窟中的韦提希夫人像、第130窟中都督夫人王氏像，面容广额丰颐、服饰华丽，色彩鲜艳。这种"时世妆饰"是"开元盛世"的时代风格，充分体现了盛唐时期健康、活泼、清新、富于朝气的精神面貌。

3．中唐时期——清新淡雅

中唐时期敦煌壁画人物色彩，填色赋彩以白画为基础，填色时，色不掩线、色线互补，减少五色叠韵的层层堆砌，无起稿线、轮廓线、定形线等反复修整、装饰之工，敷彩简洁，色调明快爽丽。

所以说中唐时期的菩萨像可谓是蛾眉叠翠、唇涂朱丹，一个个典型的"翠眉朱唇"的菩萨即辉映于壁（图21）。中唐时期善于发挥白画与填色相结合的新技术，中唐时期莫高窟第112窟的反弹琵琶舞中的人物（图22）翠眉朱唇，巾带裙裾，黄绿相间，绿色腰裙、朱色羽裤，敷彩洗练、朴实无华、倾国倾城的舞伎形象成为敦煌的一个标志，非常醒目。中唐时期敦煌壁画人物服饰色彩以绿色为主色调，歌德认为绿色能给人以真正的满足，因为"当眼睛和心灵落到这片混合色彩上的时候，就能宁静下来。"

4．晚唐时期——华丽奢靡

从晚唐时期莫高窟第9窟的供养人像就能看出，因为晚唐朝代趋向于衰亡，敦煌壁画中色彩也趋向表现靡靡之音，以消极的冷色调为主（图23）。

图21 莫高窟－中唐第199窟－主室西壁龛外北侧－菩萨形象

图22 莫高窟－中唐第112窟－主室南壁－反弹琵琶舞

图23 莫高窟－晚唐第9窟－主室甬道－供养人像

图21 | 图22 | 图23

五、唐敦煌壁画女性服饰艺术的形式美

1．服饰的种类

从服饰种类上看，裙主要有以下类型：石榴裙、锦裙、罗裙、襦裙等。在飞天当中，长裙的表现也吸收了世俗妇女的这种装扮（图24）。破裥长裙在唐代墓室壁画当中也是常见的（图25）。

在敦煌艺术中，帔有两类，一类为俗帔，即世俗人之帔帛，其类别有画披、绣披、晕披与轻柔透明的纱披，如莫高窟隋代第295窟、莫高窟初唐第205窟、莫高窟盛唐第130窟等供养人所披。另一类为仙帔（天帔），即菩萨、天王、力士之帔，这类帔随佛教艺术俱来，是受到波斯、大秦、中亚的男女“并有巾帔”的影响而形成的特殊装饰。菩萨帔帛属于后者，其帔的形制大致有两种：一种横幅较宽，但长度较短，使用时披在肩上，形似一件披风。另一种披帛横幅较窄，酷似飘带，摇曳生姿。

如莫高窟盛唐第217窟的大势至菩萨像，就是窄帔（图26）。还有常见的敦煌飞天当中的，绕左右两臂，非常潇洒（图27）。所以唐代女性着帔帛成为一种风尚，供养人像中就有这种形式，和《挥扇仕女图》（图28）、《簪花仕女图》（图29）等流传下来的惊世名画当中的服饰装扮是一致的。

图24 | 图25 | 图26

图24 莫高窟－盛唐第320窟－主室南壁－飞天

图25 唐代墓室壁画中的破裥长裙

图26 莫高窟－盛唐第217窟－主室西壁－大势至菩萨像

还有半臂，半臂的两种穿法此处就不详细介绍了，它能起到修身的作用（图30）。宽袖襦衫，《执团扇女供养人图》中大袖衫是由透明纱罗制作而成的（图31）。

女性着男装也是当时流行的装扮，在墓室壁画当中女性着男装较为常见，还有晚唐近事女的形象也是着男装（图32）。

莫高窟初唐第401窟持盘菩萨，在菩萨胸前的细条就是络腋（图33）。络腋，从字面上理解，"络"为缠绕，"腋"为腋下，顾名思义络腋是缠绕于腋下的衣着。络腋这一服饰形制，菩萨、飞天皆有穿着。

僧祇支，即僧人之覆肩衣、衬衣。敦煌彩塑和壁画中之佛、菩萨均着之（图34），相当于现在独袖半臂的紧身衣，隋代最为流行。僧祇支和络腋有相似的地方，但不完全相同，络腋是围在身上的，僧祇支是像背心一样固定在腰身上。此外，服装还有阔腿裤、束腿裤。

2．配饰的装点美

佛经当中对于冠饰有详细的描绘。以珠宝冠最为多见，珠宝冠有以下三种常见类型：

（1）莲花纹珠宝冠：莲花纹中饰宝珠，此冠式为莲花纹珠宝冠，是佛教艺术中菩萨所戴最为常见的冠式。

（2）火焰纹珠宝冠。

图27	图28	
图29	图30	图31
图32	图33	图34

图27　莫高窟－盛唐第39窟－主室西壁龛上－散花飞天

图28　《挥扇仕女图》（唐，周昉）

图29　《簪花仕女图》（唐，周昉）

图30　宫女身着半臂形象（唐，永泰公主墓室壁画）

图31　莫高窟－中唐第468窟－《执团扇女供养人图》

图32　莫高窟－晚唐第17窟－主室北壁－近事女

图33　莫高窟－初唐第401窟－主室北壁东侧－持盘菩萨

图34　莫高窟－初唐第57窟－主室南壁－观世音菩萨着僧祇支

（3）鸟头形珠宝冠。

此外，还有化佛冠、日月宝冠（图35）、莲花冠、卷云纹冠等。

3. 女子的妆发

唐代的发髻非常丰富，闹扫妆髻、丫髻、宝髻、抛家髻在敦煌供养人像中也大量出现，莫高窟中唐第159窟西壁龛下的女供养人蓬松的发式即为"闹扫妆髻"（图36）。莫高窟晚唐第17窟中近侍女发式为"双丫髻"（图37）。唐代女子的发型样式非常丰富多彩（图38），飞天中也是这样（图39）。

唐代妇女的眉式形态丰富、风格各异，概括地说可以分为粗眉和细眉两大类。莫高窟盛唐第45窟主室南壁中的女供养人眉式浓阔，北壁中的韦提希夫人眉形宽阔，呈水平状。柳叶眉和却月眉是细长眉中最具代表性的眉式。在周昉的《簪花仕女图》中则能清楚看到蛾翅眉这种短阔晕眉的形式（图40）。

唐宪宗元和以后，这一时期由于受吐蕃的影响，妇女化妆的重点放到了头部和面部，其特征为蛮鬟椎髻，乌膏注唇，脸涂黄粉，眉作细细的八字低颦式（图41），即唐人所谓"囚妆""啼妆""泪妆"。乐舞伎的眉式基本以细长、高挑为主，个别表现为浓粗；像莫高窟初唐第220窟主室北壁药师经变吹海螺者、莫高窟盛唐第445窟台上伎乐人。

唐代十分流行"点唇"的习俗（图42）。盛唐时期，菩萨唇形厚薄适中，樱桃小口艳红，在典雅含蓄的动态中表现了自然和谐之美。中唐菩萨面相丰腴、口唇厚圆、唇形突出、唇色鲜艳，有贵妇人的姿态。晚唐则突出其娇小、性感的特征。

唐制所定，皇后于受册、助祭、朝会、大事时，着"首饰花十二树，并两博"。这时的"钗"，虽仍具"固发"或"卡发"的实用性或功利性，但这种以实用性作为其社会性的意义，已经隐退到非常次要的地位，而它的装饰性和审美性已上升并填充了它由于实用性的退隐所带来的社会性的空缺。莫高窟晚唐第156窟中女供养人行列，描绘的是张议潮家族女性的形象，其服饰妆扮均是一、二品级官职的夫人，高髻饰金钗九树，可见其地位之高。

图35	图36	图37
图38		图39

图35 莫高窟－初唐第322窟－主室东壁南侧－日光月光菩萨头像

图36 莫高窟－中唐第159窟－主室西壁龛下－女供养人发式"闹扫妆髻"

图37 莫高窟－晚唐第17窟－主室北壁－近事女发式"双丫髻"

图38 唐代女子发型样式

图39 莫高窟－初唐第322窟－主室窟顶－飞天发髻

图40　《簪花仕女图》中的蛾翅眉（唐，周昉）

图41　《唐人宫乐图》八字低颦式眉（唐）

图42　莫高窟－初唐第468窟－女供养人点唇

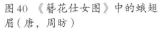

| 图40 | 图41 | 图42 |

六、唐敦煌壁画女性造型的美学意义

敦煌艺术作为一个整体，具有十分丰厚的文化意义和历史价值，包含巨大的精神财富。敦煌文化及其艺术所包含的巨大的文化内涵，受到外来文化的影响，如古希腊文化、古罗马文化、阿拉伯文化、古印度文化等，这些文化与中华文化进行了融合。

这些文化在中华本土上出现多元文化的撞击，其间出现文化彼此间的交流、融合、吸收等场景，而且汉化是明显的，并出现一种汉文化占据主流的趋势。域外各种艺术种类在敦煌的汇流，虽然是以服务宗教为主旨，但艺术的魅力超越了想象，跨越了文化、种族、地域、时空的限制，艺术本是一种手段，在敦煌却最终成为众多艺术家表现美的目标。

本次研究以唐敦煌壁画女性服饰美学为研究对象，通过对敦煌艺术和文化的剖析，从唐敦煌女性服饰艺术美学特征、色彩美、形式美、与异域服饰的交融美等几方面进行研究。从中可以看到的敦煌艺术的包容精神、创新精神与超越精神。

唐敦煌壁画女性服饰与唐代服饰一脉相承，在敦煌艺术家的笔下，从精湛的技艺中体现民间艺术的非凡智慧，从神学的外壳中剥出人的尊严和美的内涵，从古典的高雅中找寻形式美的规律，从多变的形式中看到前人勇于吸收、善于陶冶的博大胸怀，从恢宏的气象中感受到中华民族文化开放、进取、自信的性格。敦煌画师们通过丰富的线条、绚丽的色彩、恢宏的节奏，塑造了众多敦煌壁画中的美神，表达了中华民族的美学追求——对真、善、美的追求。这就是敦煌精神，敦煌艺术的灵魂。

（注：本文根据作者在2021年10月11日"第四届敦煌服饰文化论坛"上的发言整理而成。）

李迎军 / Li Yingjun

李迎军，男，艺术学博士，清华大学美术学院副教授、博士生导师，敦煌服饰文化研究暨创新设计中心特聘研究员，中国敦煌吐鲁番学会会员，中国流行色协会理事，时装艺术国际同盟常务理事委员，中国服装设计师协会会员，法国高级时装工会学校访问学者。

服装设计视角下的敦煌艺术

李迎军

今天我要分享的内容是《服装设计视角下的敦煌艺术》。我将从资源、研究、实践、传播这四个主题来层层递进地分享我的思考与实践。

一、资源

在我们进入莫高窟的洞窟之前，都会先经过一个牌楼（图1），牌楼上写有"石室宝藏"四个字。步入洞窟时，这些石室宛如各具特色的宝藏，呈现出丰富多彩的设计题材、造型与色彩，其背后还蕴藏着历史文化内涵，敦煌就是一座综合、立体的资源库。

从服装专业的角度来看，敦煌艺术也是一部浩瀚而生动的服装史。敦煌宝库中的服饰文化资源极其丰厚，其中呈现出有别于主流服装史的服饰信息，涵盖了各类生活场景下所使用的服装形态。因此，在这样一部浩如烟海的服装史中，既能看到以帝王将相服饰为代表的主流服饰，例如在莫高窟盛唐第194窟中，王侯所着的冕服及群臣身上的朝服（图2）；同时也有以平民百姓服饰为代表的常服，例如莫高窟盛唐第23窟的"雨中耕作"（图3），画面右侧的农夫头戴斗笠，身穿半臂，而他腰部所着的服装形态较为模糊，或许农夫腰上是一件围裙，抑或是类似于现代人着装时的习惯，农夫将上身所着衣物脱下，系在腰部而形成的服饰形态，目前根据画面所呈现的信息暂时无法定论。因此，我们能够发现敦煌服饰体系中许多暂未被解答的问题，而类似的问题也能够启发我们去探索并研究敦煌服饰的相关内容。

除了上述农夫所着的服装外，敦煌莫高窟还蕴涵着非常丰富的各时期劳作者服饰信息。例如莫高窟北周第290窟中头梳双髻、身着胡服，正手持苔帚在清扫院落的胡人奴仆（图4），以及莫高窟北周第296窟中正在张网捕鱼的渔夫（图5），画面中的渔夫穿着犊鼻裈，与周围的环境共同构成了一幅栩栩如生的打渔场景。因此，敦煌洞窟中各时期的服饰特色通过不同场景中身份各异的着装者反映出来，这些元素相辅相成构成一个有机整体，活灵活现地展现了主流绘画与文字中较少涵盖的百姓日常着装体系。

除百姓劳作时所着的服饰体系外，莫高窟中还有许多盛装服饰资料。以莫高窟五代第61窟的盛装女供养人像为例（图6），从画面上看，这组女供养人像不论是人体造

图1　莫高窟前的牌楼

图2　莫高窟－盛唐第194窟－主室南壁－王侯冕服与群臣朝服

图3　莫高窟－盛唐第23窟－主室北壁－雨中耕作

图4　莫高窟－北周第290窟－主室东披－胡人奴仆服饰

图5　莫高窟－北周第296窟－主室南披－渔夫服饰

图6　莫高窟－五代第61窟－主室东壁南侧－盛装女供养人像

图1	图2	
图3	图4	图5
	图6	

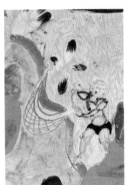

型、面部神态还是细部装饰都画得细致入微。且前两身供养人都头戴桃形冠，身穿翻领大袍，表现出典型的回鹘民族服饰特点。

　　除盛装的供养人像外，还能在敦煌石窟中看到着便装常服的妇女。例如莫高窟晚唐第156窟的"推车母亲"（图7），她身上所穿着的襦裙、帔帛，反映的就是唐代女性的日常服装。类似的例子还有莫高窟晚唐第138窟的"抱婴儿仕女图"（图8），图中仕女与上述推车母亲所穿着的服装形态相仿，她怀中抱着的婴儿穿着一件肚兜，肚兜上所绘的图案也清晰可辨。再以莫高窟盛唐第445窟"剃度图"为例（图9），壁画中反映了王妃和女眷在接受剃度的场景，也能够从中看到世俗服装和比丘尼佛家衣装在同一画面中所呈现的对比效果。

　　在敦煌壁画中还有很多外国人的服饰形象，这类以各国王子为代表的外国人群偶尔会在莫高窟唐代以来的礼佛图、听法图中出现，从而呈现了包括西亚、南亚、中亚、东亚等地区内的各国人民的服饰信息。在莫高窟盛唐第103窟"维摩诘经变中的各国（各

图 7　莫高窟－晚唐第 156 窟－前室顶－推车母亲

图 8　莫高窟－晚唐第 138 窟－主室东壁南侧－抱婴儿仕女图

图 9　莫高窟－盛唐第 445 窟－主室北壁－剃度图

图 10　莫高窟－盛唐第 103 窟－主室东壁窟门南侧－维摩诘经变中的各国（各族）王子

图7	图8
图9	图10

族）王子"（图 10）中，画面左侧有来自波斯和阿拉伯的王子，其中左数第二位戴帽的王子，他脖子上挂着一个圆环状的袋子，经过与其他洞窟的对比，推测这个袋子可能是一个用于存储食物的粮食袋，这也是王子们因长途跋涉而需存粮的生动写照。

　　军旅服装在敦煌服饰体系中也别具特色，例如莫高窟晚唐第 156 窟的"张议潮统军出行图"（图 11），图中的军戎服饰更强调礼仪性。而莫高窟盛唐第 217 窟的"两军对垒"（图 12）体现的是真实的战争场景，因此画面中士兵的盔甲更具有实战性。位于莫高窟西魏第 285 窟的"官军与强盗交战"（图 13），画面左侧的强盗手持盾牌，与此相对，画面右侧骑着马的官军则身披战甲。

　　莫高窟中除了平面的服饰信息外，更有三维立体的塑像艺术作品与之共存，二者提供的服饰形象相辅相成，共同构成了敦煌艺术中丰富多彩的服饰文化体系。由于二维的壁画往往只能表现服装的一个角度，并受绘画表现手法的限制而与真实存在的着装形态有偏差，相比之下塑像则能够更真实地还原服饰的立体结构。以莫高窟盛唐第 45 窟（图 14）为例，图中的三尊塑像从弟子身上的袈裟总体披挂缠绕的形态，到天王身上盔甲的形制结构都较为清晰。

　　在莫高窟的塑像中，我们还能清晰地观察到服装的结构细节，以莫高窟盛唐第 113 窟的南方增长天王（图 15）为例，天王身上的肩甲、胸甲结构之间的穿插关系、搭叠的层次以及束甲带，将甲片系结、缠绕的方式在塑像上清晰、准确地表现了出来。因此，如上所述，塑像上的服装形态可以作为壁画中平面服装形态的一种补充，在研究敦煌石窟中同时期的服饰时可以互证。

图11　莫高窟－晚唐第156窟－
南壁东壁南侧下部－张议潮统军
出行图

图12　莫高窟－盛唐第217窟－
主室北壁－两军对垒

图13　莫高窟－西魏第285窟－
主室南壁－官军与强盗交战

图14　莫高窟－盛唐第45窟－
西壁龛内北侧－三尊塑像

图15　莫高窟－盛唐第113窟－
西龛外南侧－南方增长天王

图11	图12
图13	图14	图15

　　除了大量源于现实生活的服饰外，莫高窟中还有充满想象力和创造力的神佛世界服饰（图16）。从服装设计的角度来说，设计的过程更多的是灵感的激发与实践的结合，而莫高窟恰好能够源源不断地给予我们服饰文化的精神滋养（图17）。

　　神佛世界中的服装形态，大多是在现实服装的基础上，充分地融入想象力与创造力，并通过服装和服饰品来象征着装者非凡的神力。例如莫高窟盛唐第31窟中，位于画面中心的天王头戴凤冠（图18），且画面左侧的力士颈部所围的并不是现实服饰中的围巾，而是一条蛇。而同处一窟壁画上的金刚力士（图19），除了其腰上缠裹的裙子、颈部佩戴的项圈这些基础服饰和配饰外，在视觉上为其赋予神力的是他手中的金刚杵和身上所披的帔帛。其中金刚杵是源自古印度的武器，因质地坚固、能击破万物而得名，进入佛教体系后成为力士的法器，以威猛的形态为力士降魔助力，因此力士也称"金刚力士"。

　　这身金刚力士身上层层缠绕、飘动着的帔帛，并不具备实用的功能性，而是象征力士身份与神力的一个符号。沈从文先生在《中国古代服饰研究》中谈到帔帛的形象最早出现在北朝石刻飞天像中，在现实生活中使用则是始于隋、盛于唐，并沿用后世。在敦煌壁画中，帔帛在盛唐有着极具张力的艺术表现，盛唐的飞天借助漫天飘舞的帔帛满壁风动。常沙娜先生在访谈中每每谈及中国式的精神性表达时，都会以飞天的帔帛为例，她认为西方人表现飞翔是通过具象地给人装上翅膀的方式来表达，而中国人则是选择使用这种更为抽象的、极具情怀的表现手法，通过飘舞的帔帛来象征飞动着的人。因此，帔帛在敦煌艺术里面也是一个非常重要的赋予人神力的载体，而在整体

图 16　莫高窟－北魏第 254 窟－
主室南壁－降魔变

图 17　莫高窟－初唐第 57 窟－
主室南壁－弥勒说法图

图 18　莫高窟－盛唐第 31 窟－
窟顶南披－凤冠天王

图 19　莫高窟－盛唐第 31 窟－
窟顶南披－金刚力士

图 16	
图 17	
图 18	图 19

图 20　敦煌壁画中的植物纹
（西魏）

图 21　莫高窟－西魏第285窟、
第249窟－人兽合体的雷神与风神

图 20 ｜ 图 21

画面的构成上也能感受到，强悍壮硕的力士形象也因为融入了柔美的弧线形帔帛而呈现出刚柔相济的独特韵味。

　　敦煌石窟中还有大量极具创造力的装饰图案，例如忍冬纹（图20）的图案题材源于现实，但又在现实的基础上进行了天马行空的抽象表达。除了植物纹外，还有在莫高窟西魏第285窟、第249窟经常出现的雷神、风神这类人兽合体的形象（图21）。这类造型中服装和人体的关系也变得更加的含混与暧昧，不易确定画面表现的是服装结构还是自身的毛发，因此这是一个较为综合的形态。但是从另一方面来看，这种不确定性和神秘性也是当年的画师用来塑造理想佛国世界的方法，这也为我们的研究和设计带来有效启发。

二、研究

　　从上述的资源方面来看，敦煌艺术带给我们的是一个取之不尽、用之不竭的资源宝库，它在提供了大量专业信息的同时，也生发出了许多问题来指引我们进一步深入探究。因此，在研究部分，我将以敦煌莫高窟中的昆仑王子服装为例，分享对该人物服饰形象的相关研究。

　　敦煌石窟中各国王子听法图是"维摩诘经变画"中必不可少的部分，在莫高窟的各国王子听法图中，几乎都有昆仑王子的形象出现，而且大多位于诸国王子的前列。现存的敦煌莫高窟初唐第332窟各国王子听法图壁画已经斑驳，位于前列的昆仑王子的服装结构和人物动态也都非常模糊（图22）。为了厘清此形象的服装信息，只能通过相关资料的佐证来推断还原。

　　首先，在莫高窟初唐第332窟和第335窟、中唐第237窟、晚唐第9窟中，都有代表性的昆仑王子形象，王子的体貌与着装特征相对清晰；中晚唐以后的敦煌莫高窟壁画赴会图中，为文殊菩萨、普贤菩萨牵青狮、白象的昆仑驭手与昆仑王子的形象近似；此外，在多幅传世的朝贡图中（图23），画师们通过绘画的形式写实地记录了当时朝贡的各族人物形象，其中大多都包含昆仑王子的造型。这些相对清晰的图像都为研究昆仑王子的服装形态与穿着方式提供了有效的资料支撑。

　　与此同时，部分传世的昆仑奴塑像为研究提供了更为翔实

图 22　莫高窟－初唐第332窟－
各国王子听法图中的昆仑王子

的服装结构信息，这种裤装造型还出现在古印度的佛像上（图24）。以此为线索展开研究，进一步发现这种造型是通过缠裹的方式塑造出来的，而印度的传统男裤也有类似的穿着方式。大众熟知的印度妇女穿着的纱丽是缠裹式的——用一块布来缠裹成一条裙子，印度的传统男裤也是用一块布来缠裹，与纱丽的缠裹方式不同的是，男裤采用独特的缠绕、兜裆的方式塑造出了带有裤裆和两条裤腿的裤子结构（图25），这充分体现了独树一帜的服装造型智慧。这种穿着方式在当今的印度也依然被广泛使用，我在前些年赴印度考察时发现，在印度首都新德里的大街上还有许多印度男子仍然穿着这样的裤装。这种缠绕、兜裆的方式塑造的裤装造型具有非常强大的功能性，能够满足日常生活中对人体的遮挡需求，同时，它自身特殊的开合功能也不需要像现代裤装那样通过解腰带、拉裤拉链等方式穿脱，十分便捷。这种方式缠裹出来的裤装在印度使

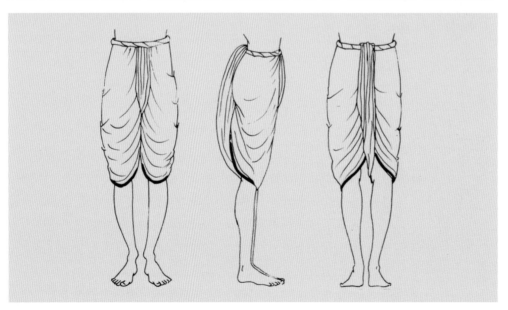

图 23
图 24
图 25

图 23　敦煌石窟各个时期的朝贡图（与昆仑王子造型相关的图像资料）

图 24　昆仑王子裤装穿着方式的参考

图 25　印度男裤穿着方式图示

图26 印度及其他东南亚国家
男裤穿着方式

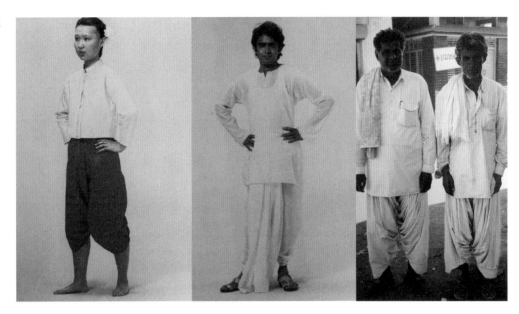

用了上千年，一直流传至今。除印度外，印度周边的东南亚等地，也有与此缠裹方式
接近的传统裤装，只是在缠裹的松紧度和裤装的长短上有相应的区别（图26）。

综上所述，通过对与昆仑王子相关的壁画与雕塑造型的分析，推断他的服装造型
特征，并在造型的基础上进一步拓展到穿着方式的研究，基本厘清了莫高窟初唐第332
窟壁画中昆仑王子的服装造型及穿着方式，并以壁画残存的图像信息为基础做出形态
复原的推断，最终整理出这身相对完整的昆仑王子服饰形象（图27），收录于《敦煌服
饰文化图典·初唐卷》中。

在整理《敦煌服饰文化图典·盛唐卷》时，我们选择了莫高窟盛唐第194窟的各
国王子听法图（图28）。相比初唐壁画中位列前茅的昆仑王子形象而言，莫高窟盛唐第
194窟听法图中的昆仑王子退居次席，其体貌与着装特征与其他听法图基本统一，但服
装结构与服饰图案更为清晰翔实。由于这幅听
法图中的昆仑王子造型经典，因此许多画界的
老先生都曾经临摹过，敦煌研究院的段文杰先
生等专家所临摹的莫高窟盛唐第194窟各国王
子听法图为本次研究提供了非常宝贵的资料支
撑（图29），在洞窟中壁画实物与专家临摹的
基础上，最终整理完成了这身盛唐时期昆仑王
子的服装造型（图30）。

通过初唐时期与盛唐时期的昆仑王子形象
对比，可以发现两身的服装结构与装饰并无太
大差别，但是裤子的缠绕、兜裆的穿着方式在
盛唐表现得并不明显。敦煌莫高窟第194窟这
身昆仑王子的裤子前方有一个三角形垂巾，目
前肉眼并无法判断这是腰带下垂而产生的形
态，还是由于其他服装结构下折而形成的。但

图27 莫高窟－初唐第332窟－
各国王子听法图之昆仑王子（李
迎军绘）

若单纯从画面上裤子的形态来看，这种样式介于灯笼裤和缠裹式裤装之间，无论哪一种形式都可以相对合理地加以解释。而当对比榆林窟中唐第25窟主室西壁文殊变中的昆仑驭手（图31）时，可以发现该时期的昆仑驭手下装已经完全变成了带有清晰的两条裤腿结构的裤装了。

把昆仑王子、昆仑驭手的裤装造型放到时间的维度上会发现，最初的裤子造型受到印度服装风格与穿着方式的影响，主要呈现为缠裹式。到了敦煌之后，从初唐开始便逐渐向两条裤腿式的裤装造型演变。因此，从第一个主题资源的角度来看，敦煌带来的资源不仅是丰富的独立信息，这些信息还可以通过各种角度相互串联，且具有十分清晰的发展脉络。仅通过昆仑王子一个造型中的裤装，就能够看到它在整个唐代时期的发展与变化。这个脉络反映了敦煌对外来文化的接受、吸收和消化的过程，这也是敦煌服饰文化除了服装形态之外带给我们的设计灵感和文化自信，是从研究角度来看的最大收获。

三、实践

在设计实践部分，我要分享的这个服装系列是以敦煌艺术中的某些独立形象为原型，运用缂丝、打籽绣、潮绣等传统手工技艺与敦煌艺术中的设计元素相结合，来思考、探索敦煌艺术的当代性价值（图32）。

第一个要谈及的服装工艺是缂丝，因为缂丝采用"通经断纬"的独特织法，显现

图28
图29	图30	图31

图28　莫高窟－盛唐第194窟－主室南壁－各国王子听法图

图29　莫高窟－盛唐第194窟－主室南壁－各国王子听法图（段文杰临摹）

图30　莫高窟－盛唐第194窟－各国王子听法图之昆仑王子（李迎军绘）

图31　榆林窟－中唐第25窟－主室西壁－文殊变中的昆仑驭手

的花纹边缘形成犹如雕琢镂空的效果，极具观赏性。另外，由于缂丝的织造技艺更适合表达渐变的颜色，所以最终选择了四身飞天的形象（图33），以突出表现缂丝的戗色技艺为出发点，将传统的飞天图形转化成有色彩渐变效果的现代图案（图34）。通过这件服装的细节图可以看到，虽然缂丝是一个平面化的效果，但其所呈现的平面上的肌理感，使其传统的形态转换成一个更符合当代审美的形式（图35）。

第二个要谈及的服装工艺是打籽绣，这件作品以莫高窟北魏第257窟中经典的"鹿王本生"（也就是我们熟知的九色鹿故事）为灵感（图36）。由于打籽绣的工艺具有密实、有肌理感的特性，适宜表现色块构成的图案，因此在设计过程中的思路是将传统形态转化为更当代、更简洁的灰色块，并结合打籽绣将其呈现出来（图37）。在最终的服装作品中，将图案放置于前衣襟的拉链两侧，还原了壁画上九色鹿和国王会面的场景（图38）。

第三个要谈的服装工艺是潮绣，潮绣的工艺特点是通过填充棉絮使刺绣呈现出立体感（图39）。这件设计作品选择了莫高窟北周第428窟窟顶平棋图案里的一只老虎形象（图40），虽然莫高窟舍身饲虎的故事中经常会出现老虎的造型，但老虎却很少作为装饰图案出现在其他场景中。这身老虎形象造型独特，并极具图案的装饰性，在与潮绣银灰色绣线及立体刺绣工艺相结合后（图41），转化成更加当代的图形（图42）。

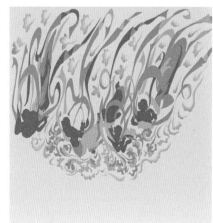

图32
图33 | 图34

图32　传统的手工技艺与敦煌艺术的结合

图33　敦煌莫高窟初唐第329窟主室西壁龛内飞天

图34　传统飞天图案转化成有色彩渐变效果的现代图案

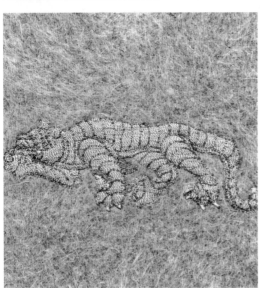

图35　缂丝工艺最终服装效果展示

图36　莫高窟－北魏第257窟－主室西壁－鹿王本生（局部）

图37　以打籽绣工艺呈现的鹿王图案

图38　最终服装效果展示

图39　潮绣工艺

图40　莫高窟－北周第428窟－窟顶－平棋图案中的老虎形象

图41　潮绣工艺塑造的老虎图案

图42　潮绣工艺最终服装效果

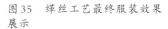

图35	图36
图37	图38
图39	图40
图41	图42

在这个服装系列中，还运用潮绣工艺做了其他图案的设计尝试。其一是提取了莫高窟晚唐第156窟的张议潮统军出行图画面左下角的一个举旗人物形象（图43），并结合潮绣的工艺增加图案的立体感（图44）。其二是将不鼓自鸣的图案（图45）转化成了一个更简洁的形态，由于潮绣这种立体的形态不适合放到需要翻折或者需受力的部位，所以将立体图案放到了平展的胸前，图案上飞舞的飘带顺着肩膀绕到后背（图46）。

要向大家介绍的最后一种工艺是朴实的平绣，我与陕西澄城刺绣传承人合作，力图通过最朴实的平针绣工艺表现舍身饲虎的故事中纵马飞奔的形象（图47、图48）。

在这个系列的作品中，运用了传统刺绣、缂丝工艺，以及当代性的图案、色彩归纳方法来表现敦煌艺术中的部分个体形象。其中飞天与九色鹿是敦煌艺术中的经典形象，其他的图案（如老虎、士兵等）都是非典型性形象。但是这些非典型性形象在敦煌艺术的宝库中也同样重要，以上述的莫高窟北周第428窟窟顶平棋图案中的老虎形象为例，虽然在敦煌壁画中很少出现这样装饰性的老虎造型，但是在同窟中也有舍身饲虎的故事。所以是否画师在表现窟顶的平棋图案时，选用了故事里较有代表性的造型转化成了图案呢？这类问题都值得我们继续去深究。因此，选择这些非典型性图案，也希望能够通过服装的形式来传达这些信息，让更多人关注除了敦煌莫高窟的飞天和九色鹿之外的各种非典型性形象，而这也联系到下一个主题，即设计的传播功能。

图43　莫高窟－晚唐第156窟－张议潮统军出行图

图44　潮绣工艺塑造的举旗人物形象

图45　莫高窟－盛唐第172窟－主室北壁－观无量寿经变（局部）

  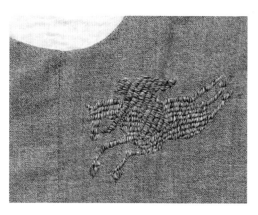

图46　潮绣工艺最终服装效果
展示

图47　莫高窟－北周第428窟－
东壁南侧－萨埵太子本生（局
部）

图48　平绣工艺最终服装效果
展示

图46　｜　图47　｜　图48

四、传播

在当今全球化趋势日益彰显的国际环境下，文化传播与互鉴、区域文化价值与艺术价值的认知同样成为全球性的命题。当今设计思考的重点不应仅限于敦煌艺术的当代传承，还应包括其艺术语言的探索方式。基于上述的观点，我与几位跨文化参与者通过"随机合作"的形式展开了"御风飞翔"系列的服装设计（图49），并把这种实践行为纳入合作、交流、创新的创作程序中，以期碰撞出新的火花，进而引发人们重新思考在跨文化传播背景下敦煌艺术的国际化价值。

我选取了敦煌早期飞天的形象作为样本（图50），邀请世界各地不同身份、不同国籍、不同专业（包括但不限于艺术专业）的参与者，让他们根据飞天形象的样本进行自由绘画创作。由于早期的飞天具有复杂性，它既有典型的印度式飞天，也有褒衣博带式的中原飞天，所以处于文化融合阶段的飞天形态也会更加丰富。

此次创作一共有十位来自六个国家的参与者，他们分别是：丁苤（女，中国青年国画家，大学教师）、袁春然（男，中国时装画家，首饰设计师）、董萱（女，中国民间剪纸非遗传承人，中学教师）、王怡（女，中国旅法插画家）、Robert Bricker（男，美国雕塑家）、Jill Pickering（女，澳大利亚旅英扎染与综合材料艺术家）、Yuri Ro（女，日本籍以色列特拉维夫大学环境系本科生）、Yanai Nadav（男，波兰裔以色列人，以色列特拉维夫大学东亚系研究生）、Yoni（男，德国裔以色列人，以色列特拉维夫大学东亚系研究生）、Lilou（女，法国学龄前儿童）。在合作与设计实践的过程中，这几位参与者的作品也呈现出了许多超出预期的表现方法。

年龄最小的参与者是来自法国的学龄前儿童Lilou，她的母亲是中国人，这位女孩在描绘各种神怪形象时都展现出了极强的绘画天赋。但是在与我们合作时，她表示自己看不懂也不会画飞天的形象，最终

图49　"御风飞翔"系列服装
设计

图 50　飞天形象样本

放弃了此次的图案绘制。这也引发了我们的思考，作为中国人，我们会更易于接受并理解飞天的形象，即便是印度式的飞天，也会觉得其似曾相识。而这位女孩由于无法识别飞天的形象而止步于此，相较此例，其他的参与者基本都按照自己的理解，探索了各自的表达方法。

其中的一位参与者是中国青年国画家丁荭，她采用国画的方式绘制了飞天的形象（图51）。另一位参与者是中国时装画家、首饰设计师袁春然，他运用风格更加现代的马克笔来表达飞天，作品整体风格与当时的飞天造型非常契合，具有极强的创作感（图52）。还有一位中国民间剪纸非遗传承人董萱，她将飞天的形象变成镂空的剪纸效果，然后通过雕刻形式设计了一件皮革饰品（图53）。中国旅法插画家王怡所创作的飞天形象也十分独特，她以自己对于敦煌的理解与在法国做儿童插画的经验相结合，最终呈现的作品相对于其他参与者的作品，是一种更加可爱、稚拙的表达方式（图54）。

在外国的跨文化参与者中，来自美国的雕塑家 Robert Bricker 采用的表达形式是水墨作画（图55），可能受其雕塑家职业的影响，作品显现出一种敦实的质感，他创作的飞天形象要比原图案更为健壮。

令人较为意外的是一位来自以色列特拉维夫大学环境系的日本籍本科生 Yuri Ro（图56），首先是对于飞天性别的认知差异，她认为她选取的飞天形象性别为女性（图57）。其次是对于帔帛的装饰形态的认知差异，她十分肯定壁画上的帔帛更像是一个孙悟空的头饰，而不是一个飘舞环绕的装饰物。最后是对于飞天所着服饰的形态认知，其实她选择的飞天形象下身所着的是裤子还是裙子仍存在争议，但是她毫不犹豫地画成了裤子的形态。在最初的设想中，日本籍的参与者由于更多地受东方文化的熏陶，她的认

图51　│　图52　│　图53

图51　丁荭绘制的飞天作品

图52　袁春然绘制的飞天作品

图53　董萱设计的皮革配饰品

同度理应会更高，但以 Yuri Ro 为例，在实际创作中，她的理解和表达却具有更大的反差。

　　同样是来自以色列特拉维夫大学的东亚系研究生 Yanai Nadav（图58），他是一位波兰裔的以色列人，由于他并无绘画基础，所以基本是对原壁画中的飞天图案进行简单的临摹，没有太多自我的创作（图59）。他选用了毛笔来作画，并试图用水墨的方式来表现飞天的形象。

　　而同样令人感到诧异的是一位与 Yanai Nadav 同校同专业的研究生、德国裔的以色列人 Yoni（图60），他最终提交的作品较为抽象（图61），我们在拿到他的作品后也与他反复确认是否与原飞天形象一致。最终在这个系列设计的宏观考量下，由于 Yoni 设计的抽象形态失去了飞天的基本特征，所以没有在服装设计作品中体现出来。

　　在作为有效样本用于最终服装设计的八幅绘画中，参与者们演绎的飞天造型各具特色，在与原始的飞天样本具有一定关联性的同时，又在原始造型的基础上进行了再创造（图62～图66）。参与者分别采用了马克笔、铅笔、毛笔等表现形式，其中有外国的参与者有意选用了毛笔水墨绘画，而且大多数外国参与者的绘画画面都呈现出较鲜明的中国古典人物风格，体现了他们对于敦煌艺术的中国文化属性的认同，这也说明了他们主观意愿对最终创作表达的影响。

　　总之，中国籍或中国裔的参与者由于具有中国传统文化背景，因而选择了更加自

图 58	图 59
图 60	图 61
图 62	图 63

图 58　Yanai Nadav 绘制的飞天
作品与飞天原型

图 59　Yanai Nadav 绘制的飞天
作品

图 60　Yoni 绘制的飞天作品与
飞天原型

图 61　Yoni 绘制的飞天作品

图 62　"御风飞翔"系列作品之一

图 63　"御风飞翔"系列作品之二

图64 "御风飞翔"系列作品之三

图65 "御风飞翔"系列作品之四

图66 "御风飞翔"系列作品之五

图64 | 图65 | 图66

由的手法表达飞天，并且得心应手地平衡了飞天样本的艺术风格与个人艺术风格的关系。外国参与者们主动使用毛笔水墨来表达造型这一现象，也再次证明一个文化信息在跨文化解读与跨文化表达的过程中，会因为接受者的主观感受而出现解读与表现的"偏差"。

在这个主题下，我们也延伸出了新的思考，以2015年春季在美国大都会艺术博物馆举行的"中国：镜花水月"展览为例，该展览曾经引发关于跨文化传播的"文化误读"的讨论，展览通过大量文物、设计作品与影视作品展现了西方对于中国文化的理解、假想，甚至是"误读"，但不可否认的是，这种"文化解读"确实成为对西方世界文化的有益滋养。正如与展览同时发行的画册中所表述的："某些艺术母体和形式所蕴含的原始功能或者含义都有可能被错误地解读，或者在翻译的过程中失去了原有的意境，但按照原样复制从来都不是这些设计的目的……"

而"御风飞翔"系列的设计正是希望通过全新的视角与方法展开探索敦煌艺术价值的设计表达，通过在当代社会语境下的跨国家、跨文化的合作形式，呈现文化传播过程中出现的多种"变化"，并由此引发深入思考，正视艺术信息在跨文化传播、解读过程中出现的偏差，以更加积极的态度促进敦煌艺术在国际视野内的交流、互动、碰撞、发展。

　　我认为服装设计在传承文化的同时，还兼具推广文化的功能，无论是设计行为、设计过程还是最终的设计结果，都具备传播的职能。因此，作为服装设计师，我们同样肩负着对敦煌艺术的继承、创新和传播的使命，通过点滴的设计行为为敦煌艺术的传播尽一份绵薄之力。

　　谢谢大家！

　　（注：本文根据作者在2021年10月11日"第四届敦煌服饰文化论坛"上的发言整理而成。）

戴生迪 / Dai Shengdi

戴生迪，男，香港大学佛学硕士，英语专业八级。现任敦煌研究院文化弘扬部双语讲解员。担任《敦煌服饰文化图典·初唐卷》和《敦煌服饰文化图典·盛唐卷》英文翻译与审校工作。

关于《敦煌服饰文化图典》英文翻译的几个问题

戴生迪

感谢北京服装学院敦煌服饰文化研究暨创新设计中心的邀请，感谢敦煌研究院的培养。我是《敦煌服饰文化图典》初唐卷和盛唐卷（下文简称"《图典》"）的英文译者，今天我分享的题目是《关于〈敦煌服饰文化图典·初唐卷〉英文翻译的几个问题》。在本次英文翻译的过程中我遇到了很多挑战，此次分享主要讲的是我在翻译时是怎么思考和解决这些问题的。

一、知识背景

首先，不同的知识背景会让人们在看待和解决问题的时候使用不同的方法。我的知识背景分为三个部分，第一个部分是本科英语专业的训练，我在本科学习了基本的英语翻译理论，主攻方向是英美文学，文学的熏陶使我能够在语言翻译表达时更加地道；第二个部分是佛学研究专业的背景，使我对佛学有较为整体的了解，这一专业背景对本次《图典》的翻译非常重要，因为莫高窟是基于佛教文化所创造的石窟艺术宝库，如果对佛学不够了解的话，容易犯一些低级的错误；第三部分是工作背景，我目前是敦煌研究院的双语讲解员，每年会遇见超过五十个国家和地区的游客，通过英语讲解和沟通，来了解他们对敦煌艺术的认知和表达。

在本次翻译时所使用的词汇基本上都在我的日常讲解工作中试验过。一个词汇，给游客讲解出来后他们能不能听懂，是检测这个翻译是否有效、是否正确的重要手段。另外，我的工作场地就在敦煌莫高窟，在工作过程中无数次进入石窟，对壁画的位置、内容和颜色都非常熟悉。这世上有很多更为优秀的译者，但他们很少有像我这样如此熟悉莫高窟，这是我在本次翻译中得天独厚的优势。

二、翻译的发展

语言和方言在人类社会进化中是非常重要的因素，例如在战争状态下不同口音是判断敌我的重要手段。翻译是文明沟通的桥梁，是戴着脚镣的舞蹈。作为译者，我们不是作家也不是艺术家，却是文明传播和连接的重要纽带。

严复先生在《天演论》里曾说过，翻译的三个要求是"信、达、雅"。翻译《图典》最重要的是文化的翻译，于细微之处将作者真正想表达的核心思想体现出来。佛教在中国的传播历史是一部翻译史，随着翻译的推进，人们对佛教义理的理解逐渐加深。随着对佛教义理理解的深入，翻译也越来越细致和准确。翻译就如同剥鸡蛋，有一定的阶段性和层次性，要一层一层地剥开才能看到蛋黄。

中国翻译的祖师爷主要是译经大师，随着与印度文化的交流及佛教的传播，产生了很多译经家，其中以四大译家最为著名，分别是鸠摩罗什、玄奘、真谛及不空。

翻译的本质是理解和不理解，而不是标准还是不标准。《心经》有句话："观自在菩萨，行深般若波罗蜜多时，照见五蕴皆空"，其中的"五蕴"是指组成我们身体和精神的五个集合。以此为前提，我们在认识事物时有一个术语叫作"名色"，"色"就是指物品，"名"就是物品被赋予的名称，看到物品后在脑海把它们结合在一起对应起来，就叫作"识"。翻译就是这样，玫瑰就算不被叫作"玫瑰"但还是玫瑰。很多译者在翻译时往往会纠结于标准或不标准的区别，比如说在做讲解员时，佛旁边站的是大弟子迦叶（yè），小弟子阿（a）难，而有的观众就说不对，他们认为旁边站的是大弟子迦叶（shè），小弟子阿（e）难（nán）。这是不要紧的，音译的时候本来就无法和原语言完全相同，以前信息交流不方便，有口音分歧是很正常的，对于现代来说，直接用梵文原名也可以。所以说翻译只是接受和不接受的区别，而不是标准或不标准。

在历史的长河中，有些音译的翻译已经太过经典而无法超越，例如"菩萨"（图1）一词，全称"菩提萨埵"，是由梵文 Bodhisattva 音译过来的，"菩提"意味着觉悟，"萨埵"意味着有情，所以说有同情心、有慈悲心的修行者叫"菩萨"。我一直在想怎么能用最简单直接的方法让大家理解什么叫"菩萨"，在某一天打游戏的过程中突然明白：把游戏里的一个角色打通关结束，这人就叫"阿罗汉"；而"菩萨"的修行过程可以理解为积分制的游戏，就是把游戏里所有的角色都玩一遍、都通关，每一次积累一百分、积累了无数次，或者每帮助一个人积一百分，或许积分到一亿分时，就得到了圆满的境界，即佛的境界。

翻译不能只通过直觉和刻板的印象。翻译的时候有一个词叫作"璎珞"（图2）。璎珞来自梵文，意思是用线穿起来的宝物，用在身上作装饰，但是一般不用 jewelry，而会特意使用 keyūra 这个梵文词，但是在讲解的时候使用 keyūra，普通人就无法听懂了。书

图1 ｜ 图2

图1 莫高窟－盛唐第45窟－主室西壁龛内－彩塑菩萨

图2 莫高窟－初唐第57窟－主室南壁中央－说法图中观世音菩萨

面语为了强调印度特色，就使用keyūra，口语强调理解，就用jewelry。

另外一个词叫"白毫"。白毫意为额间的一个白点，但实际的意思是额间的一缕毛发，卷起来之后呈一个点，称其为"白毫"。此时就不能理所当然地翻译成白色的毛发，应使用梵文原词，因为其具有宗教意义，例如白毫可以放出光芒遍照大千世界，所以使用梵文Urna。

三、问题的研究

在《图典》翻译的过程中，可以看到刘元风教授等各位老师所勾画的图稿十分漂亮精美，其中菩萨的画像如同美丽的模特，此时产生了一个问题，是使用she、he还是it来称呼菩萨？在这之前，需要先弄明白一个问题：什么叫菩萨？

菩萨是可以涅槃却选择留在这个世界上度化众生的人，但是这个名字并没有强调其性别。从考古的角度来看，犍陀罗菩萨造像明显是带有胡须的男人形象。莫高窟中许多菩萨都带有胡须（图3），说明菩萨早期是男性形象，菩萨行是大乘佛教兴起之后所推崇的一个修行阶段，佛没有成佛之前就叫作菩萨。因为古印度的女性地位较低，出家较少，菩萨和罗汉大多都是男性，于是早期塑像以男性为主，后来在传播的过程中，受到中国本土文化和其他文化影响，出现了女性形象的菩萨。所以菩萨像前期看是男性，后期看是女性。那到底是用男性还是女性来翻译菩萨的性别，就有两种选择：一是看菩萨具体的形象，如果女性化特征过于明显就使用女性的人称代词；二是由于很多菩萨形象是中性特征，所以我们可以不论男女都用大写的He (His)代指，以表示对菩萨起源事实的尊重。学习敦煌文化时也可以读一读佛经，因为敦煌多数壁画还是照着佛经来构画的。莫高窟第332窟中讲述了一个诸法无形无相、非男非女、不二法门的故事。莫高窟第220窟中有一个文殊菩萨像，其手势类似于一个剪刀手，但并非剪刀手，而是不二法门的意思，"不二"就是指世间一切差别平等无二。

再比如，大家都称常沙娜老师为"常沙娜先生"。我刚到莫高窟时，我说常沙娜老师是女性，应当称其为常沙娜女士，被同门说没有文化。这里"先生"是尊称，古代老师就叫作"先生"。而在做翻译时，这样直译让外国人看了就十分混乱，并且女权运动时极力反对用一个男性职业称呼来称呼女性，所以不可以用Mr，也不能用Mrs，我认为翻译为Miss就可以了，翻译为Madam也可以，但感觉略显老气，用Miss凸显永远年轻。

在佛教发展的过程中，音译会慢慢地被替换成意译，到最后并存。例如"阿弥陀佛"（图4）。"阿弥陀佛"梵文原名叫作Amitabha，翻译为汉语是"无量寿佛、无量光佛"，意思是他具有无尽的寿命和无尽光芒，这两个翻译是现在并行的，两个称呼都是一个意思。还有就是"涅槃"（图5），其梵文原文是Nirvana，但大部分人听到"涅槃"时，理解的是浴火重生、于灰烬中生出来的"凤凰涅槃"，这和佛教所说并不是同一个意思。涅槃从佛学角度解释有两个意思：一是痛苦的熄灭，即不再有痛苦；二是轮回的结束。鸠摩罗什高僧就将其翻译为"灭、灭度、灭寂"，就像风的吹过、火的熄灭。而玄奘大师翻译为"圆寂"，是从大乘佛教来理解的，"圆"是功德圆满，"寂"是归于平静和寂静，佛圆寂于此。本质上来说这是对涅槃的不同理解，也是宗教理论的发展。

图3　犍陀罗菩萨雕像（8～10世纪）

图4　榆林窟－中唐第25窟－主室南壁－观无量寿经变（局部）

图5　莫高窟－中唐第158窟－涅槃像

图3　｜　图4　｜　图5

　　佛教的发展有不同阶段，熟悉各个阶段是做翻译所需的重要知识背景。熟悉了佛教的发展脉络，从而理解每次的翻译为什么这样使用，不然就会陷入对与错的争论之中，而实际上很多时候并非对与错的争论，而是阶段性和层次性的区分。

　　有些音译会让人不知所以然，比如在阅读佛经时，经常出现"阿耨多罗三藐三菩提"，其梵文是Anuttara sammasambodhi，这个词的音译就让人不知什么意思，而意译过来就是"无上正等正觉"，使人得以理解。在意译里最为经典的"观音"，其原文为Avalokiteshvara Bodhisattva，这个词无法音译，但意译过来则为"观世音菩萨"，后为避讳李世民的"世"变为了"观音菩萨"

　　翻译应当追根溯源。例如翻译"忍冬纹"（图6），"忍冬"的通俗叫法为"金银花"（图7），翻译为Honeysuckle Pattern。但以此翻译给外国游客介绍时，往往会使他们不解，这引发了我的深思。在赵声良先生的著作里，这种植物名为"茛苕"（图8），在阿富汗阿伊哈努姆遗址出土的科林斯式柱头（图9）上的叶子纹样就是茛苕纹。此外，这种叶纹与天仙子非常接近（图10）。棕榈叶纹（图11、图12）最有可能是忍冬纹的起源，因为在将其叶纹取下一半翻转后，其叶片刚好分开，这便弥补了茛苕纹叶片过于宽大的缺陷（图12）。所以在翻译过程中，要多和作者交流、多和考古学家和艺术史学家交流，要明白所翻译的东西是什么，明白其出处。

　　在翻译《图典》初唐卷的时候有两句话"绫罗绸缎丝绢帛，亭台楼阁廊轩坊"，其中"绢"（图13）的翻译为Plain weave silk，这个翻译就需要理解织物的组织结构；同理，"绫"（图14）的翻译为Damask on plain weave or on twill，这里就需要理解什么叫平

图6　｜　图7　｜　图8

图6　克孜尔石窟－忍冬纹

图7　金银花（中国植物图像库，张凤秋摄）

图8　茛苕（中国植物图像库，朱鑫鑫摄）

克孜尔第192窟

克孜尔第212窟

克孜尔第172窟

克孜尔第17窟

图9 科林斯式柱头（阿富汗阿伊哈努姆遗址出土，公元前145年以前）

图10 天仙子（中国植物图像库，周繇摄）

图11 古希腊棕榈叶纹彩绘陶瓶（约公元前5世纪，英国大英博物馆藏）

图12 棕榈叶（中国植物图像库，朱鑫鑫摄）

图13 绢组织结构图-MG.26784-残幡（中唐，法国吉美博物馆藏）

图14 绫组织结构图-EO.3662/B-绶带纹幡身（晚唐—五代，法国吉美博物馆藏）

纹组织，什么叫斜纹组织。

"锦"（图15）已经有现成的翻译，但不同的"锦"有着不同的翻译。通过对其不同种类进行细致的解释划分，有平纹经锦（图16）、斜纹经锦（图17）、平纹纬锦（图18）、斜纹纬锦（图19）。差别在于织物在演变过程中不同的起花方法和组织结构。

石窟中有一词叫作"覆斗顶"，"覆斗"意为将盛粮食的斗倒过来，而翻译为英文后表达意为翻过来的漏斗，这样的翻译就存在问题，因为一般的漏斗都为圆形，后面看到一位老师在翻译中将其翻译为dipper，意为勺子或者挖掘机的铲子，但仍不够符合其意思。直到后来在外教的培训中，我找到了一个一下子能让外国人理解的表达，就是金字塔顶削平的形状，为truncated-pyramidal ceiling。如图20所示是一个印章，不过正好和莫高窟大多洞窟内部空间的结构一模一样，很像金字塔没有塔尖。当然这个翻译对覆斗顶的形容仍然不够恰当，所以期待后续能有更优秀的译者进行更贴切的翻译。

在洞窟中还有一词叫作"藻井"（图21、图22），藻井现在的通用翻译词为Caisson ceiling，其意为天花板上凹进去的一个做装饰用的平面，但由于其本身是一个专业词汇，因此在讲解给外国游客时，双方都很难理解，基本上只有专业的人才能听懂。

这里遇到一个问题，藻井是一个中式的理解，而比中国敦煌石窟更早的阿富汗巴米扬石窟，很早已经有了藻井这一建筑结构，由于我在查阅资料时并未查到具体名称，所以关于这一结构更早的称呼是什么并不清楚。这里就需要考古学家和艺术史学家进行考究才能明白，因翻译精力有限，暂止步于此。

英文中有个词叫作Mausoleum，意为陵墓。这一词语源自一位名为Mausoleus的人，在其死去之后他的妻子为其修建了一座墓（图23），现在被称为古代世界七大奇迹之一，在欧洲的陵墓中也有类似藻井这一结构，所以这个设计很有可能意味着能让死者

图15　联珠对鸟纹锦局部——含绶鸟（都兰吐蕃墓出土）

图16　平纹经锦－MAS.926－Ch00308－红地列堞龙凤虎纹锦幡头（北朝，英国大英博物馆藏）

图17　斜纹经锦－MAS.921－蓝地朵花鸟衔璎珞纹锦（盛唐，英国大英博物馆藏）

图18　平纹纬锦－Ch.00368－绿地纬锦残片（北朝－初唐，英国维多利亚与艾尔伯特博物馆藏）

图19　斜纹纬锦－MAS.922－Ch.00178－黄地心形纹锦（中唐，英国大英博物馆藏）

图20　"文帝行玺"金印（西汉南越王墓博物馆藏）

图21　莫高窟－十六国第272窟－窟顶－藻井

图22　阿富汗巴米扬石窟中的藻井

图23　土耳其摩索拉斯陵墓

图15	图16
图17	图18
图19	图20
图21	图22	图23

灵魂上天、通往极乐的通道。同样在印度"桑奇大塔"（图24）中也有相似的造型，我们在中文翻译中叫作平头，实际上是一个方形的平台，站在上面可以看到周围的风景，而在平头的下面有一个宝匣用来装舍利。如果我们追溯到更早的时候，藻井很有可能是原始人茅草屋顶的天窗，做成叠加旋转的造型是为了既通风采光又可以遮挡雨水。

　　我有幸翻译过一本书叫作《桑奇大塔》的书，由马歇尔爵士撰写，书中做了桑奇大塔细致的考古报告。在意大利罗马的万神殿中（图25），建筑顶部有天窗可以采光。所以说在关于藻井的翻译方面，我希望可以重新翻译，就现实情况来说，希望可以翻译为Water plant well，即"长有水生植物的井"。

　　联珠纹（图26），译为Sasanian roundels pattern，其中Sasanian是指萨珊王朝，萨珊是波斯帝国的一个时代，联珠纹英文直译的意思是萨珊王朝时期的圆点图案，但联珠里面并没有"萨珊"这个意思。在翻译过程中加进去"萨珊"这一词，这是西方学者的习惯做法，即将其起源地也体现出来。但从个人来讲我并不喜欢这个翻译，因为它并非一定是在萨珊时代最初有的，或者没必要纠结其到底是萨珊时期的还是罗马时期的，因为一堆小点构成圆圈这样简单的纹样设计在很多地方都有，例如中国人在很早的时候就用小点构成圆圈来代表太阳，所以我尝试将其翻译为 beads pattern 或者 connected roundels。

接下来给大家分享我对卷草纹（图 27）的理解。卷草纹的英文翻译其实存在错误，但已经被普遍接受。卷草纹英文译为 Scrolling grass pattern，直译为卷着的草。说其有误，是因为不是卷的草，"草"在这里泛指植物，即卷曲的植物图案被称作"卷草"，并且这个植物最开始是忍冬，所以和草没有关系。因此现在翻译为 Scrolling vegetation pattern，将其中的草换为植物。不过，因为卷草更像是一根藤蔓（图 28），所以翻译为 Scrolling vine pattern，卷曲藤蔓的图案个人认为更好一些。

还有一个问题，在莫高窟初唐第 57 窟菩萨（图 29）腰间有一个结构，《图典》中原文所写的是"裙腰"，所以直接翻译为 waistband，但通过查阅资料发现明显不符合其意思，因为 waistband 指裤子上的松紧位置，而第 57 窟的菩萨画像上明显是外包在腰和臀部，所以此处使用"腰裙"更为妥当，所以译为 waist wrap。

不同的文化对同一行为有着不同的理解，比如"蒙面"一词，中文理解可能是蒙着脸面，而西方人蒙的是眼睛。所以在翻译时有时需要特别指明（图 30）。

做翻译时，也希望作者写书时指代一定要明确一些，比如说"中原"，是指京洛一带还是江浙一带？"西域"指的是河西走廊还是新疆地区，抑或是整个中亚都算呢？需要给一个限定，不然在翻译中译者就需要通读原文去猜测，最后发现和作者的意思相左。

凡是做翻译的同学，在工作中很多情况下要面对很高级别的对外交流，一定要时刻注意自己的言行。

最后，我想发起一个倡议，无论在敦煌研究院，还是在北京服装学院，敦煌学专

| 图 24 | 图 25 | 图 26 |
| 图 27 | 图 28 | 图 29 |

图 24　印度桑奇大塔

图 25　意大利罗马万神殿

图 26　古代波斯连珠纹残丝布（公元 6 或 7 世纪，法国巴黎装饰艺术博物馆藏）

图 27　卷草纹

图 28　藤蔓（中国植物图像库，徐隽彦摄）

图 29　莫高窟－初唐第 57 窟－主室南壁－说法图中观世音菩萨腰裙

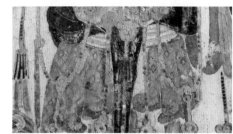

图30 关于中西方对"蒙面"行为的不同理解

图31 EO.1138携虎行脚僧（唐，法国吉美博物馆藏）

| 图30 | 图31 |

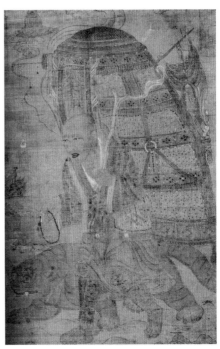

业的翻译人才还是比较少的，好多资料查起来相当困难，仅有只言片语。希望能有当代的西行弘法僧（图31），现在叫文化使者，能够编撰一部石窟寺汉英词典让后人方便使用，这是一项重要的基础工程。

四、总结

最后总结一下，翻译需要追根溯源，不能浮于表面。我们是戴着脚镣的舞蹈，但是也在跳舞，没有只戴着脚镣。翻译具有阶段性，没有绝对的正确，只有相对的接受。我们的翻译不能太中式也不能太西式，不能失去文化的味道。中国的文化既开放又坚定，我们可以坐在一个桌子上吃饭，但无法喝同一杯水，要有自己的核心。

谢谢大家！

（注：本文根据作者在2021年10月11日"第四届敦煌服饰文化论坛"上的发言整理而成。）

王 可 / Wang Ke

王可，北京服装学院敦煌服饰文化研究暨创新设计中心助理研究员。曾参与国家社会科学基金艺术学项目"敦煌历代服饰文化研究"、国家艺术基金项目"敦煌服饰创新设计人才培养"。主持北京社科基金青年项目"故宫博物院藏伊卡特起绒织物研究"，清华大学艺术与科学中心柒牌非物质文化遗产研究与保护基金项目"敦煌石窟壁画中的伊卡特织物研究"。主要从事中国传统服饰文化研究与设计创新。

模糊纹样与审美观念：伊卡特纹样在东西方的交流与互动

王 可

我今天分享的题目是《模糊纹样与审美观念：伊卡特纹样在东西方的交流与互动》。2018年到敦煌莫高窟进行考察，当来到第57窟时，我就被这尊蜚声海外的小美人菩萨腰间的腰带和腰裙的纹样深深吸引。这种排线式手法绘制的模糊纹样，让我想到了爱马仕推出的一个瓷器系列叫"伊卡之旅"，这种用排线手法绘制的模糊纹样，又换了一种载体呈现在瓷器上面。一个是在一千多年前的泥壁上，一个是在现代奢侈品的瓷器上（图1），但是他们都表现的是同一种纺织印染工艺所呈现出来的视觉效果，这种跨时空、跨文化的交流让我想去深入地探究一下，伊卡特纹样在古今、在东西方之间发生了一个怎样的对话。

首先，对"伊卡特"这一名称做一个称谓上的界定。伊卡特发展到今天，在世界各地的很多地方都在进行着活态传承，也有不同的称谓，比如在日本叫"卡苏里"（Kasuri），在印度叫"帕托拉"（Patola），在我们中国的新疆叫"艾德莱斯"，这个名称大家应该是非常熟悉的，在中国的海南，近几年这个织物被命名为"绯锦"。扎染是其核心工艺也是最基础的工艺，包括扎经染色、扎纬染色，再难一些的就是扎经扎纬都染色再去进行织造。随着纹样的复杂变化，就出现了捺染法和夹染法，捺染法实际上就是把这个捆扎的过程用绘制的方法去替代，夹染法和我们常见的夹缬非常类似，只

敦煌莫高窟 第57窟

Hermes Voyage en Ikat

图1 排线式模糊纹样
（出自：数字敦煌、爱马仕官方网站）

图2-1　以色列出土伊卡特

图2-2　印度阿旃陀石窟壁画

图2-1　│　图2-2

不过把布换成了线。所以我们可以看到，"伊卡特"这个名称，其实不仅是代表了这类织物，也是代表了这种先染线再去织造的一种染织技法。由于这种织物在世界各地深受人们的喜爱，并且一直活态传承下来，于是人们找到一个词语，即马来语当中的"mengikat"一词的后缀"ikat"来对这个织物进行命名，以方便世界各地喜爱这种织物的学者进行交流。

1．丝绸之路上伊卡特的历史遗存及其模糊纹样

接下来，我们来看一下伊卡特的历史遗存情况。在以色列的纳哈·欧梅尔（Nahal 'Omer）遗址中发现了多个织物残片。这个遗址在约旦佩特拉（Petra）西北40公里处的阿拉瓦河谷（'Aravah Vally）西部的边缘处，此遗址是在公元650—810年作为驿站使用的。自那巴泰（Nabatean）时期以来，这些路线还通往阿拉伯半岛、波斯湾的部分地区和印度的海港，以及美索不达米亚等地区，一直通向中国。可见这个地方是一个交通要塞，根据现有的考古报告显示有六块扎经染色的伊卡特残片，颜色基本为靛蓝和茜草染成的蓝色、棕色、米黄色、红色、红棕色、棕褐色，或是这几种颜色的组合。考古报告中推测这些织物是从也门或者印度而来，是因为这几片织物的纱线捻向都是Z捻，而该地区的其他棉纺织品的纱线捻向则是传统的S捻，因此认为它们不是本地织造。以色列出土的伊卡特纹样非常简单，基本上就是"一字"形、"菱"形、"Y字"形这几种。在5世纪印度阿旃陀石窟壁画中描绘的这种具有单向流动感的伊卡特图像和以色列出土的伊卡特纹样也是非常相似的（图2）。

在中国青海省都兰县也出土了三片8世纪的扎经染色伊卡特残片，通过许新国、赵丰及高志伟三位学者刊布的相关信息及图片可知，这三块织物分别出土于都兰县热水乡血渭一号大墓和香加乡莫克力沟吐蕃墓群。其中两块织物比较完整，一块长234.7cm、宽24.4cm（图3-1），与一块素色绫相连；另一块织物残长91cm，宽8.5cm（图3-2），与一块黄色对波葡萄花叶绫相连。虽然出土的织物不是完全一样，但是颜色和纹样构成相似度极高。相较于以色列出土的伊卡特，中国出土的伊卡特在纹样设计上更为复杂些。这三块织物的纹样母题皆相同，都是使用"S"形、"菱纹"形和"圆点"这类几何形状穿插搭配。约有三种颜色，土黄色、赭石色以及褐黑色是三块织物共用的颜色，说明织物至少经过了2～3次扎线染色的过程。因为是扎经染色的工艺，所以在纵向都呈模糊状。在8世纪左右的伊卡特织物中，"S"形这一模糊纹样比较典型，通过镜像翻折或是穿插"菱纹"形以获得更为丰富的伊卡特纹样。这种工艺难度更大的"S"形的模糊纹样在日本8世纪左右的传世伊卡特上也可见得。在日本正仓院收藏的两

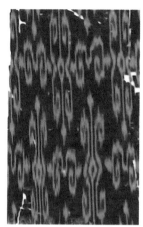

块伊卡特上可以看出（图4），虽然配色上略有不同，但使用的母题纹样基本是一致的。

除此之外，在日本法隆寺、奈良的正仓院、东京艺术大学美术馆、兵库县白鹤美术馆、东京根津美术馆等收藏的7～9世纪的传世伊卡特残片有约20块，纹样和色彩较中国和以色列出土的织物残片来看更为丰富。日本法隆寺藏的伊卡特主要是在飞鸟时代（592—710年）和奈良时代（710—794年）的前半期使用，而在奈良时代的后半期并未再见到此类的织物，因此是舶来品的可能性比较高。传入法隆寺的伊卡特有好几种类型的纹样，通过拼接各个残片，可以整理出约7个纹样，出现了更多抽象型的如云雾纹、狮啮纹等模糊纹样。有意思的是，虽然这些纹样都逃离不出以"S"形为母题的比较抽象的变形纹样，但出现的模仿动物的狮啮纹（图5-1）非常独特，这与新疆维吾尔自治区奇台县石城子出土的汉代兽纹瓦当（图5-2）很相似。因此，伊卡特纹样不仅拘泥于几何图形与线条的组合，还尝试呈现比较具象的动物纹，不难看出伊卡特在东传的过程中汲取了中原瑞兽元素。

日本所藏伊卡特多用于佛教仪式中使用的佛幡上，极少的伊卡特作为佛教仪式中的坐垫或是桌布来使用，丝绸与佛教仪式相关用品的关联性已成为一个共同的特征，这足以证明当时的日本对伊卡特的重视程度。由于伊卡特的视觉特征非常独特，在当时的纺织工艺条件下，几乎只有伊卡特的工艺方式能够呈现出这种边界排线式不清晰的模糊纹样，因此，用绘画方式模仿伊卡特纹样的壁画便大量出现。在中国敦煌莫高窟的壁画中、敦煌藏经洞出土的绢画上以及日本法隆寺金堂壁画中，均可见伊卡特纹样，这也恰恰说明了伊卡特通过佛教的传播，在当时的中国和日本已经被接受并喜爱，伊卡特所具有的模糊美这种审美观念也深入人心。

而在埃及福斯塔特（Fustat）遗址出土的9～12世纪伊卡特风格更加统一，从目前收藏于美国纺织博物馆、希腊贝纳基博物馆、美国大都会艺术博物馆等地的埃及出土的伊卡特来看，纹样相对简单，以"菱纹"形和"箭头"形为纹样母题在条纹框架内规律排序。这种纹样母题同样常见于中国敦煌莫高窟壁画和日本法隆寺金堂壁画里描绘的菩萨或是天王的服饰中，有时也为了装饰效果添加一些点状的装饰（图6）。这些扎经染色的伊卡特残片基本是由蓝色、米黄色、棕色构成，在一些残片上可以看到多种工艺方式呈现出来的阿拉伯铭文。有使用金箔切割成文字的形状贴在织物上，再用黑色墨水勾勒的，也有用刺绣的方式绣出文字的，虽然很多铭文的位置被破坏得难以

图3-1 青海省都兰县出土伊卡特1［引自：高志伟. 关于青海考古所一件所藏织物的商榷［J］. 青海文物，2020（16）：48.］

图3-2 青海省都兰县出土伊卡特2［引自：赵丰. 丝绸之路：起源、传播与交流［M］. 杭州：浙江大学出版社，2017.］

图4 日本正仓院藏传世伊卡特（引自：正仓院博物馆官方网站）

图5-1 日本藏伊卡特复原图（笔者手绘）

图5-2 汉代兽纹瓦当（笔者拍摄）

| 图3-1 | 图3-2 | 图4 | 图5-1 |
| | | | 图5-2 |

图 6-1　日本法隆寺金堂菩萨腰裙壁画

图 6-2　中国敦煌莫高窟初唐第220窟菩萨络腋

图 6-3　埃及出土伊卡特（希腊贝纳基博物馆藏）

| 图6-1 | 图6-2 | 图6-3 |

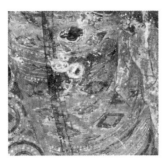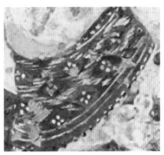

完全辨认，但还是有学者解读出了铭文的含义。其大意都是在传达对宗教的虔诚以及美好的祝愿，另外也有对经文的摘录。实际上，这些伊卡特织物是普通平民无法享用的，此时的阿拉伯各级统治者都办起了宫廷作坊和官办工坊，专门组织工匠协同生产这种通过刺绣或描画等方式呈现出库非克（Kufic）字体古文的织物，并缝制出袍服供统治者享用或由统治者赏赐给有功劳的大臣。虽然此时的伊卡特在纹样的表现形式上略显简单，还没有使用具有含义的特殊图案来显示宗教信仰的重要意义，但大量的伊卡特织物的遗存说明了伊卡特所呈现的模糊美的审美观念在此时已被阿拉伯世界接受，也为之后伊卡特成为阿拉伯世界代表性织物打下基础。

2. 伊卡特模糊美的审美观念形成基础

伊卡特与其他类别织物最大的不同在于其纹样边缘模糊的视觉效果，它的价值不仅限于作为商品在丝绸之路上的传播，更是作为一种载体在丝绸之路上进行文化层面的互动与交流。出土及传世的伊卡特和伊卡特图像中的纹样是东西方文化交流的产物，但它代表的不仅是纹样及工艺的传播，更是一种审美观念在不同文化圈的形成与互动。以具象的人物或是动植物为母题纹样传播的案例不胜枚举，人们对这种现实题材的描绘是易于接受的，但对伊卡特工艺所呈现出的模糊纹样的接受则需要有一个过程，但实际上这种审美观念的形成也是有体验基础的。

从公元1世纪起陆续出土的晕裥织物来看，人们对渐变产生的具有晕染效果的织物有着浓厚的兴趣。当然这也是基于技术的成熟，只要把染好颜色的经线按照浓淡依次排好，就能织出渐变条纹或是彩虹条纹的织物。随着纺织工艺的进步，纺织印花的方式方法及种类越发兴盛。防染技艺成为人们装扮原本朴素纺织品的常用方法，扎经染色就是在绞缬的原理上呈现出自己的艺术魅力。《一切经音义》二十五卷中记载："以丝缚缯，染之，解丝成文曰缬也。"用线捆绑织物，再去染色，解开线后就变成了多彩纹样，这种既不用绘制精细图案又不用雕刻花版的方法，仅通过线的缠绕和染的加持，就能得到晕渲烂漫的艺术效果。有了在织物上的染缬经验，对线进行扎染就有了工艺和审美上的基础，因此，人们开始尝试把扎染这道工序放在织造前，也得到了意想不到的模糊纹样的效果。

在古代文献中与伊卡特相关的名称也能反映出对于模糊美的想象与观念。日本正仓院在展出这些织物时将其命名为"广东锦""太子间道"或是"绯裂"。"绯"一字源于汉字，《说文解字》中曾提及云武都郡有氏傻："殊缕布者，盖殊其缕色而相间织之，绯之言骊也。"说明这个地方的氏人所织的绯，是把不同颜色的线相间排放而织。氏人原本生活在甘肃省西南部、青海省东南部，后被吐谷浑征服，而吐谷浑的墓中出土了伊卡特，也许氐人原本织的绯只是简单的类似晕裥的织物，后来随着工艺的进步，开始尝试扎经染色也是有极大可能的。我国古代文献中除了描述氐人织造的绯以外，还有一些唐诗反映了绯与伊卡特所呈现的模糊视觉效果之间的关系。如唐代诗人韦庄在《汧阳间》中写道："汧水悠悠去似绯，远山如画翠眉横。僧寻野渡归吴岳，雁带斜阳入渭城。"这里的绯被形容为像流水一样，表现出水面流动的模糊美感，对比伊卡特所呈现出来的视觉效果，这种形容非常贴切。而明代马中锡撰写

图 7　日本正仓院藏伊卡特

图 8　敦煌藏经洞出土绢画

图7 ｜ 图8

的《东田漫稿》中也有类似的形容："雨过乱山浓似染，烟销远水去如绯。"这种烟雨独有的朦胧感和诗句中呈现的流动感与伊卡特特征也甚是吻合。除了以绯来为此类织物命名外，如上文提及的还有以"太子间道"和"广东锦"来命名的。有日本学者对"太子间道"进行分析认为《日本书纪》中所述的霞锦与其为同一种织物，和史料中新罗向唐朝贡奉的朝霞锦、朝霞绸也可看作同一种织物。而日本正仓院藏的几件伊卡特（图7）确实犹如朝霞般绚烂，霞光万丈的朦胧意境也是伊卡特工艺所能呈现出来的。"朝霞锦"这一名称在描述许多东南亚国家人物形象时都有提及，如《旧唐书·列传·卷一百四十七》曰："林邑国……王著日氎古贝，斜络膊……夫人服朝霞古贝以为短裙，首戴金花，身饰以金锁真珠璎珞。"比对这一描述发现与敦煌莫高窟里各国王子听法图中最前面的重点人物形象非常相似，上文中分析敦煌莫高窟中出现的伊卡特母题时可知这类人物穿着的织物纹样与很多菩萨的衣裙纹样相同，那么菩萨是否也会穿着朝霞一类的纺织品呢？《佛说陀罗尼集经卷第二》（佛部卷下）中有描述："左厢侍菩萨。右手屈臂……以宝绦系腰。著朝霞裙。以轻纱笼络。在左跨边……宝绦系腰。著朝霞裙。以轻纱笼络裙上。左胯下有一道绿华毲。横袜过右跨。下垂。向外而立紫白色莲华上。"《七俱胝佛母准提大明陀罗尼经》《佛说大方广曼殊室利经》中均有菩萨着朝霞衣或朝霞裙的描述。此类佛经从属于密教部类，在敦煌莫高窟藏经洞中出土的绢画上也能看到密宗菩萨似着朝霞裙的图像（图8），而这类图像的伊卡特特征也是十分明显的。

　　这也恰恰说明在佛教盛行的唐代，人们对模糊纹样审美倾向的逐渐认可，以及对模糊纹样审美观念的认同，在大唐东方的新罗和东南方的各个国家都将此类织物视为珍宝贡奉或是供皇室穿戴，共同构筑了对模糊纹样的审美观念。这种审美观念随着丝绸之路的贸易及宗教往来传播得更加广阔。公元8世纪，唐、吐蕃、阿拉伯之间既有交往又有冲突，其间错综复杂的关系也为模糊审美的观念互动搭建了平台。在前述怛罗斯战役后，被阿拉伯军队俘虏的唐军士兵中，有各行各业的技术工匠，他们被带往阿拉伯帝国的各个地方，进而也将各项技术传播开来。杜环在《经行记》中载道："绫绢机杼，金银匠，画匠，汉匠起作画者，京兆人樊淑、刘泚，织络者，河东人乐㻛、吕礼"。可见这些金银匠、画匠、织匠、络匠都是当时流落西亚地区的中国工匠。随着工匠的迁移，技术也在文化间进行交流，所蕴含的审美观念也因此在不同的文化圈中有

了互动。这种认可模糊纹样的审美观念所制作的伊卡特不仅在信仰佛教的信徒中被广泛接受，还通过贸易和战争从一个文化圈潜移默化地进入另一个文化圈，在信仰伊斯兰教的信徒中也被视为珍贵的织物。由此可见，这种呈现出参差、重叠、交错等复杂现象的视觉效果，在客观上构成一种特有的飘忽不定的模糊美感形式的审美观念，随着丝绸之路也传播开来。

3. 各文化圈的伊卡特及其工艺特征与模糊纹样

历史上有各种各样的纺织印染工艺登上舞台又悄然退场，也许是因为其所具有的审美特点已满足不了人们的审美趣味；又或许是因为随着时代的进步，过于复杂的工艺不得不被淘汰。但是伊卡特凭借其模糊美的视觉效果使人们所接受，即使工艺复杂烦琐，也从未中断过传承。甚至很多地方不断将伊卡特工艺复杂化，使织物变得更为珍贵。伊卡特发展到今天，纹样、工艺和风格在各地区已形成较为稳固的模式，各有千秋。但伊卡特的发展不是一蹴而就的，而是经过了陆上丝绸之路和海上丝绸之路的繁荣，被带到各个文化圈，经过不同文化的洗礼而形成今天的模样。

伊卡特的地理分布主要在南亚、东南亚和中亚、西亚部分地区，它也在欧洲的法国和波兰，北美洲的危地马拉和非洲的一些国家中制作。中亚、东南亚和南亚都形成了各自的伊卡特文化圈，由于各地的气候、生存环境、文化的不同，使得人们偏好使用的伊卡特工艺、纹样、色彩都有差别，在模糊美的审美观念上形成了独有的风格。

（1）中亚伊卡特文化圈

中亚是各种文化的十字路口，它见证了各类物品在佛教、基督教、伊斯兰教、摩尼教和琐罗亚斯德教等许多宗教信仰者之间的沟通交流。而中亚既是一个地理实体，又是具有各种相关文化的地区，中亚伊卡特是基于扎经染色原理制作的。

实际上扎经染色也是伊卡特最原始、最简单的工艺，如图9所示，将经线一捆一捆整理好再排列整齐，按照预想的图案选择最深的颜色部位先绑扎，绑好后浸入染液把未绑扎的部分完全染上颜色，待干后拆掉绑扎的线，在经线上就能呈现出最后纹样的初步样貌。之后使用纯色的纬线搭配织造，在经密大于纬密的情况下，伊卡特扎经染色显花效果最好。伊卡特工艺中最为耗时的工序就是对线的绑扎—染色—解绑，绑扎的数量和次数是由纹样的复杂程度决定的。

原理相对简单的扎经染色伊卡特最容易被接受并广泛使用，以乌兹别克斯坦为代表的中亚国家或其他地区传承下来了这一技术，并且在与中国的交往中不断更新伊卡特纺织技术。比如，为了使伊卡特丝绸更加的光亮，不再仅限于织造平纹的伊卡特，开始出现斜纹组织以及缎纹组织的伊卡特（图10-1）。同时也与中国织造漳缎的机器相结合，织造出扎经染色的起绒伊卡特（图10-2）。中亚文化圈的伊卡特纹样总体上呈现出线条抽象、色彩绚丽、对比强烈的视觉效果，一些看似有含义的花纹也都是比较抽象的图案。除了上述出土或传世的伊卡特母题纹样仍在使用外，也吸收了邻近各地有名的织物所使用的图案，比如克什米尔地区使用的佩斯利图案，或是波斯花卉装饰图案。还有很多图案与当地刺绣工艺所使用的图案相似，也有从生活中汲取灵感并在宗教教义的指导下几何化的图案，最终演化成高度程式化的形式。

（2）东南亚伊卡特文化圈

东南亚由于气候炎热、空气潮湿，不利于保存古代织物，所以并没有出土过伊卡

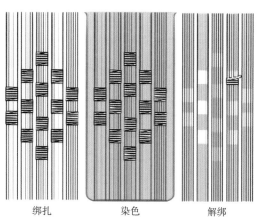  

绑扎　　　　染色　　　　解绑

图9　扎经染色过程原理示意图（笔者手绘）

图10-1　缎纹伊卡特（美国克里夫兰艺术博物馆藏）

图10-2　起绒伊卡特（美国克里夫兰艺术博物馆藏）

图9 ｜ 图10-1 ｜ 图10-2

特实物。虽然没有古代织物的实证，但通过敦煌壁画中描绘的东南亚各国王子的形象以及所穿着的伊卡特服饰，可以推测东南亚各国至少自唐代起就流行织造或使用伊卡特。确实有可能从印度通过海上交通将伊卡特技术传播至东南亚，同时，在东南亚国家之间伊卡特技术的间接传播，离不开伊斯兰教的深度参与。

在东南亚伊卡特文化圈中伊卡特工艺从扎经染色到扎纬染色再到扎经纬染色都有涉及，扎纬染色更为多见。而扎纬染色比扎经染色需要更高的技术，因为经线可以通过扎染架不断缠绕积累到一定长度后进行绑扎，纵向上的纹样便不再发生变化。但是纬线是一条穿插在经线之间的不断线，在每段幅宽之间纹样都有可能产生变化，因此就需要确定图案在纬线上的位置，一般是数根纬线在同一位置缠绕，再以Z字形向上或向下继续绕，再根据计算的位置进行绑扎染色（图11-1）。纬线染好后再绕到梭子中，而经线往往使用一种颜色，最后就会在横向出现模糊的视觉效果。

东南亚的伊卡特风格多种多样，但是整体上会呈现出纹样细腻、内容丰富、色调统一的效果。除了上述古代时期出土或传世伊卡特织物上的纹样母题外，还有很多充满当地民族宗教信仰和美学特征的纹样。在东南亚，一种与泛灵论有关的信仰和纹样表达有着密切的关系，这一信仰也存在于中国的南部，这也是为什么中国黎族的伊卡特纹样与东南亚国家的伊卡特纹样非常相似。人们从生活中汲取灵感，信奉万物有灵，将大自然中的所见所闻都反映在图案中（图11-2）。

（3）南亚伊卡特文化圈

南亚的伊卡特主要在印度，这里也是众多学者认为是伊卡特起源的地方。印度阿旃陀石窟中的壁画表现的伊卡特还很青涩，只是简单的流动形纹样。随着对模糊纹样审美观念的接受程度不断加深，工艺日渐精进。在印度使用伊卡特最负盛名的地方是古吉拉特邦和奥里萨邦，这两个地方将对伊卡特的审美观念延续至今并将其工艺发挥到了极致。古吉拉特邦将伊卡特称为"帕托拉"（patola），奥里萨邦称其为"班哈"（banha）。他们把伊卡特用作庙宇中的装饰、新娘的礼物，或是葬礼上穿着的服装，以体现伊卡特的珍贵。实际上，伊卡特的珍贵不仅因为历史悠久，更是因为其工艺的烦琐。在印度不仅有扎经染色的伊卡特，还有扎纬染色的伊卡特，而最常制作的是扎经纬染色的伊卡特。作为伊卡特中最难的工艺，扎经纬染色需要经线和纬线都扎染，这就需要进行严格的计算，预先确定经纬相交的位置。很多地方在制作扎经染色伊卡特或扎纬染色伊卡特时都不需要提前设计纹样，或者纹样都在制作者的心中，可以直接

图 11-1　老挝扎纬染色过程示意及扎纬染色伊卡特

图 11-2　柬埔寨扎纬染色伊卡特

图 12-1　印度扎经纬染色的伊卡特色稿和意匠图

图 12-2　印度扎经纬染色伊卡特

图 11-1	图 11-2
图 12-1	图 12-2

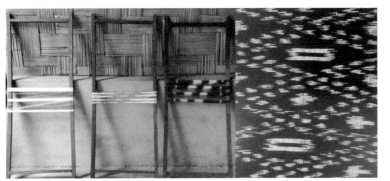

绑扎纹样。但是由于扎经纬染色的伊卡特纹样复杂且同时牵扯经线和纬线，需要提前画出色稿和对应的意匠图，再按照意匠图分别绑染经线和纬线（图12-1）。常见满地几何纹样会在格子或条纹框架内设计比较细腻的图案（图12-2）。

4. 结语

伊卡特工艺所具有的染织方式使其拥有独特的模糊视觉效果，不但基于扎染工艺取得了技术进步，同时也在审美观念上得到了拓展。通过丝绸之路的繁荣，伊卡特自6世纪起便活跃在东西方的各个文化中，其模糊纹样也作为一种装饰图案出现在石窟寺庙内的壁画里，可见其模糊纹样在不同载体中的可移植性，也说明了伊卡特的模糊纹样作为一种审美观念被逐渐接受。而这种审美观念随着陆上丝绸之路和海上丝绸之路不断传播，在世界各地形成伊卡特文化圈，并在与各民族文化融合的过程中产生了不同风格的伊卡特。通过陆上丝绸之路传播的中亚伊卡特文化圈保持着扎经染色的工艺，结合不同组织结构衍生出斜纹、缎纹、起绒伊卡特；而通过海上丝绸之路传播的东南亚伊卡特文化圈和南亚伊卡特文化圈将工艺难度加大，从扎纬染色到扎经扎纬染色，虽然还能看到伊卡特早期的母题纹样，但整体纹样风格趋于细腻化、精细化。不同的文化圈根据自身所处的地理环境、文化特征对伊卡特工艺和纹样进行改造，最终形成以模糊纹样为审美基础的不同风格的伊卡特。

通过伊卡特工艺、纹样及审美观念在丝绸之路上的交流与互动，可见"审美融通感"是人类文明交流史上特有的文化现象，这一染织技艺没有因为工艺烦琐而退出历史舞台，反而随着丝路的繁荣而更加具有生命力，其中蕴含的模糊美的审美观念融通性和共有的艺术理想对"一带一路"文化价值的研究有积极的意义。

（项目支持：清华大学艺术与科学研究中心柒牌非物质文化遗产研究与保护基金项目"敦煌石窟壁画中的伊卡特织物研究"［（2018）立项第08号］。）

中编

杨建军 / Yang Jianjun

杨建军，男，清华大学美术学院副教授。出版专著《红花染料与红花染工艺研究》及译著《日本草木染——染四季自然之色》等。发表论文50余篇。主持研究教育部人文社科基金项目、北京市社科基金项目等。

蓝染工艺漫谈

杨建军

很高兴能来到北京服装学院敦煌服饰文化研究暨创新设计中心和大家分享蓝染工艺。这是一种富有代表性的传统染色工艺，涉及两个方面：一是工艺技术，二是工艺文化。也就是说，它最初表现为一种技术形式，经过漫长历史积淀与发展，逐渐成为一种独特文化。蓝染工艺最早可以追溯到公元前，古埃及木乃伊的裹布就使用了这种染色技术。蓝染工艺技术虽然只是一种染色方法，但这种方法是独特的艺术表现手段，古代夹缬（图1）、织锦（图2）等许多艺术品都是运用蓝染工艺制作而成。近现代的云南扎染（图3）、贵州蜡染（图4）、江苏蓝印花布（图5）及浙江温州夹缬（图6）等，也都是通过蓝染工艺呈现的民间艺术。在日本，传统型染（图7）和名古屋有松、鸣海的绞染（图8），以及德岛阿波织物（图9）和福冈等地生产的被称为"絣"的扎经（纬）织物（图10）等所呈现的深深浅浅不同蓝色，也都依赖蓝染工艺。此外，印度蓝染织物（图11）、菲律宾蓝防染制品（图12）也都非常精美。因此，蓝染工艺体现着艺术与技术的融合关系，正好契合北京服装学院"艺工融合"的办学理念。

对于"蓝"这个汉字，在古代可以用来称呼染料，也可以用来称呼制作这种染料的植物，还可以用来称呼使用这种染料染出的色彩。不过，将"蓝"定性为指代蓝色是近代的事情。由此可见，蓝染工艺包含很庞杂的内容，今天侧重将其划分成几个知识点，跟大家分享。

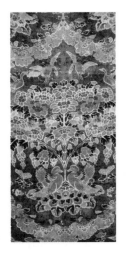  

图1 ｜ 图2 ｜ 图3

图1 绀地花树双鸟纹夹缬绝（8世纪中叶，日本正仓院藏）

图2 缥地大唐花文锦（8世纪，日本正仓院藏）

图3 云南扎染

一、蓝植物

　　蓝植物即含有蓝色素的植物，俗称蓝草。化学染料产生之前，染蓝色的染料都是由蓝植物制作而成。蓝植物主要分为四个系列：木蓝系、板蓝系、蓼蓝系和菘蓝系（图13）。

　　木蓝（学名：Indigofera tinctoria Linn）：豆科、属灌木，生长于热带至亚热带高温多湿地域。在国内分布于台湾、福建、广东、广西、贵州、云南等地。印度、印度尼西亚、墨西哥和非洲中部、东海岸等地也都有分布。

　　板蓝［学名：Baphicacanthus cusia（Nees）Bremek］：爵床科、属低木状多年生草本植物，生长于亚热带多湿山间半阴地域。在国内分布于浙江、福建、台湾、贵州、云南等地。泰国、缅甸、不丹、孟加拉国、印度和日本等国家也都有分布。

　　蓼蓝（学名：Polygonum tinctorium Ait）：蓼科、属一年生草本植物，生长于亚热带至温带肥沃高温多湿地域。在中国南北各地，以及韩国、日本等地都有分布。

　　菘蓝（学名：Isatis indigotica Fortune）：十字花科、属两年生草本植物，生长于温带温暖半干燥地域。在国内分布于山东、河北、辽东半岛等北部地区。欧洲各地如俄罗斯，亚洲的蒙古国和日本等地都有分布。

图13　蓝植物

木蓝系

板蓝系

蓼蓝系

菘蓝系

二、蓝染料

人类发明的由蓝植物制作蓝染料的技术具有划时代意义，自此蓝染工艺不再受季节、产地等诸多限制。最早完整记载蓝染料制作方法的是北魏的《齐民要术》，由此可知我国在南北朝之前就已经具有完善的蓝染料制作技术。蓝染料适用范围广泛，能够染制棉、麻、丝、毛等多种天然纤维材料，伴随元代以后植棉及棉纺织业的普及，蓝染工艺进入快速发展的全盛时期。19世纪末期德国人拜耳发明合成蓝染料之后，传统植物蓝染料受到很大冲击。现在所说的蓝染料，通常包括植物蓝染料（天然蓝）和人工合成的化学蓝染料（合成蓝、化学蓝）。

我们今天重点介绍具有天然属性的植物蓝染料。从形态上，植物蓝染料可分为两大类：一类是泥状蓝染料，简称泥蓝（图14）；另一类是土状蓝染料，简称土蓝（图15）。此外，还有一种粉状的蓝染料，简称粉蓝，主要产于印度。由于它是由泥蓝进一步加工而成，故而可以归入泥蓝范畴。

1．泥蓝的制作

先以我国广东肇庆使用的板蓝为例，介绍泥蓝的制作方法。清晨收割板蓝植物（图16）；将其放入大塑料桶内，覆以平面竹编物，再压上重物，并向桶内注水，使板蓝植物完全浸没于水中，充分浸泡（图17）；每日观察，通常浸泡2～3日后液体表面开始出现紫色薄膜（图18）；此时移去重物，捞出蓝草，绞净液体，滤去漂浮于液体中的残渣，并加入石灰乳（图19）；然后，将液体舀起，从半空中倒回桶内，反复操作，使其充分接触空气而氧化，液体逐渐变为蓝色（图20）；静置一夜以上，倒去表层清水，将桶底沉淀物倒入细密竹编器（图21）；滤去水分即可得到泥状蓝染料（图22）。

再以印度使用的木蓝为例，介绍其蓝染料制作方法。在合成蓝发明之前，印度产蓝染料一直占领世界市场。印度蓝染料品质之所以好，一方面是因其使用的木蓝植物

图14　泥蓝

图15　土蓝

图16　贵州产板蓝

图17　浸泡

图18　浸泡数天后状态

图19　过滤后加入石灰乳

图20　充分氧化

图21　静置沉淀

图22　制得泥蓝

图14	图15	图16
图17	图18	图19
图20	图21	图22

本身含靛量高；另一方面是因为其制作方法上乘，因为制作过程不加石灰，所以成品含杂质少。泥蓝的后加工更加科学，即在制得泥状蓝染料之后，将其放入大锅里煮，去掉部分杂质与靛红、靛棕等色素，进一步提升品质；随后，将其放入特制木箱内压去水分，用细铁丝切成小方块，晾干后磨成粉状，更便于运输（图23）。

2．土蓝的制作

土状蓝染料以日本使用蓼蓝制作的"蒅"（sukumo）最具代表性，其工序较为复杂，周期时间长。主要操作过程分为分离茎和发酵叶两步。

传统分离茎一般采用两种方式：其一为打叶法（又称打蓝或打粉），即将收割的蓼蓝平摊在草席上，在距根部20～25cm处切断，分开晾晒；用木棒敲打，随后再晾晒、再敲打，反复操作3次；去除其茎，收集其叶。其二为切叶法（又称切蓝或切粉），即将收割的蓼蓝植物自根部15～18cm处捆束后置于木台上，自其梢端约2.5cm处开始切断，依次操作，留下根部约15cm；将切下的茎叶平铺在草席上晾晒；用扫帚翻转，使之干燥，并分离其茎。现代多采用切割机、电风扇进行茎叶分离。

发酵叶时，通常取蓝叶平摊于木板上；均匀喷水，充分搅拌；移入黏土固筑的暗室；经过10日左右，以耙翻转其叶，再次喷水；此后每隔5～6日检查湿润程度，如若过于干燥则需要喷水；蓝叶逐渐固结，充分翻转和喷水后，将其堆积为圆锥状，用草

图23　印度蓝染料制作过程

图24　日本"蒅"制作过程

图25　待出售的日本"蒅"

图23	
图24	图25

席覆盖，继续发酵；此后每5日喷水、搅拌1次；蓝叶固结成块状，充分打碎，喷水搅拌均匀继续堆积（图24）；发酵结束后，去掉草席，用手耙充分翻转，降低温度，装入稻草袋待售（图25）。

三、蓝染工艺

1. 鲜叶染

（1）鲜叶汁浸染

在蓝染料制作技术发明之前，人类一直使用蓝植物直接染色。现代科技成果证实，蓝植物叶片中含有靛甙（Indican），它会和葡萄糖组成配糖。一旦叶子破裂，靛甙即从细胞中分离出来。叶片中还含有一种水解酶，在酶的作用下，靛甙水解出吲羟（又称吲哚酚、吲哚醇），吲羟在氧气的作用下发生缩合反应（图26）。因而，使用鲜叶汁染色是一种缩合染色技术。

这里以染制生丝线为例，介绍染制步骤。首先是将生丝线进行前处理（图27），先按生丝线质量的5%计算，把相应碳酸钾（K_2CO_3）倒入不锈钢桶中，注入足量水之后，加热至约80℃时浸入生丝线。不断搅动，约50分钟后取出，充分水洗、沥干。再按生丝线的3倍量摘取蓼蓝鲜叶，洗净待用。接下来是榨取汁液，这里使用电动搅拌器代替手工操作，将约为搅拌器容积一半的水量倒入其内，放入蓼蓝鲜叶（图28），搅拌1分钟（图29）。可如此操作多次，获取足量染液，但操作须在5分钟之内完成。把所得的全部染液用棉布过滤，然后马上把丝线浸入染液染色15分钟，期间不断用手揉压，助其上色均匀（图30）。取出丝线，在空气中充分氧化（图31）。之后换水4次以上，充分洗去叶绿素（图32）。最后，在阳光下晾晒（图33）。生叶汁浸染的蓝色丝线，鲜艳亮泽。

图26 吲羟（Indoxyl）的双分子缩合反应

图27 前处理

图28 将蓼蓝鲜叶放入搅拌器

图29 搅拌

图30 揉压染色

图31 氧化

图32 水洗

图33 阳光下晾晒

图26	图27	
图28	图29	图30
图31	图32	图33

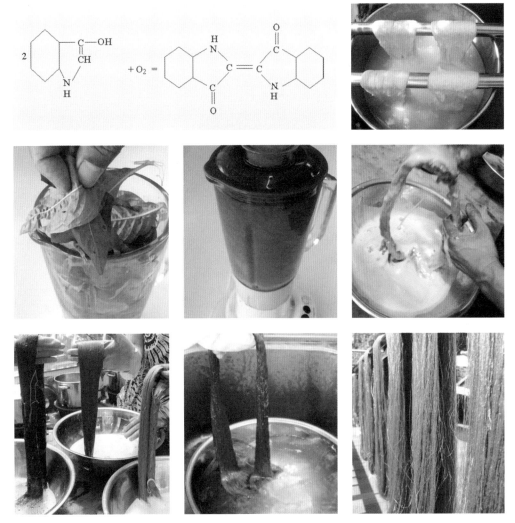

（2）鲜叶煮染

这里以染制真丝绸为例，其前处理方法同前。摘取真丝绸12倍量的蓼蓝鲜叶，洗净放入水中加热至沸，煮约10分钟（图34）。蓼蓝鲜叶中含有的无色成分靛甙与水解酶伴生，靛甙经过水煮均被萃取出来，但水解酶不耐高温，超过40℃就迅速失去活力，所以用棉布过滤染液后需冷却至40℃（图35）。然后，加入煮出染液量10%左右的蓼蓝鲜叶汁（图36），其内含有富有活力的水解酶，使靛甙立即发生水解，游离出吲羟可上染纤维。将真丝绸浸入该染液，染色约30分钟（图37）。为了染色均匀，需要一边搅动染液，一边移动真丝绸。染色后将真丝绸在空中展开，通风氧化。之后换水4次以上，充分洗去叶绿素。最后，在阳光中晾晒（图38），充分通风氧化。与生液汁浸染的鲜艳色彩相比，生叶煮染的蓝色含蓄柔美。

2. 建蓝染

建蓝染是针对使用蓝染料的一种染色方法。使用蓝染料进行还原染色的前提是调制好将靛蓝变为靛白的染液，这个调制染液的过程称为"建蓝"，运用该染液进行染色的方法即为建蓝染。可见，建蓝染最为关键的环节是建蓝（也称建缸），主要分为发酵建蓝和还原剂建蓝。

（1）发酵建蓝

发酵建蓝与酿酒的原理基本相同，是利用微生物作用使染液发酵而染色。发酵建蓝完全借助微生物作用，其细菌量及活性决定着发酵是否充分。发酵过程中，产生乳酸等有机酸，由于这些有机酸影响发酵效果，易引起液体腐败变质，因而需要加入碱性物质予以中和，使微生物得以生存和繁殖。

首先，以贵州从江县使用泥蓝为例，介绍其发酵建蓝。主要材料包括泥蓝染料、糯米、稻草灰、米酒（图39）。操作者为岜沙艺人滚丙水，她先向大塑料桶内注水，将糯米和稻草灰装入编篮，一起吊浸水中，慢慢溶解出有效成分。一夜后，将木板横在桶上，从水中提出编篮置于板上，从桶内舀水浇灰数次，冲洗出更多有效成分。然后，将一小碗米酒倒入桶内，再加入泥蓝染料。最后，用竹竿充分搅拌（图40）。此后每日搅拌1～2次，经过3天左右，液面会出现一层紫膜。一个星期之后，液面会聚集大量蓝紫色泡沫，表明已充分发酵，可以使用。

再以土蓝"蒅"为例，介绍日本发酵建蓝方法。操作者是日本草木染柿生工房主理人山崎和树，他先将"蒅"染料、木灰倒入塑料桶内，注入70℃的热水，用木棍充

图34	图35	图36
图37		图38

图34 煮蓼蓝叶

图35 冷却

图36 加入蓼蓝鲜叶汁

图37 染色

图38 晾晒

图39 贵州从江县发酵建蓝材料

图40 贵州从江县发酵建蓝过程

图39
图40

分搅拌。之后用小瓷盘舀起少量染液，检测pH值为10.5～10.8（如低于10.5则需要加入消石灰进行调节）。此后每日傍晚充分搅拌，经过3日左右，液面会出现紫红色膜，散发蓝缸独有的气味。此时pH值变低，加入消石灰进行调节。经过一周左右时间，液面生成蓝紫色泡泡。当蓝紫色泡泡布满液面时，表明发酵完成可用于染色（图41）。

（2）还原剂建蓝

严格意义上讲，能够使蓝染料还原的物质都可以称为还原剂，上述发酵过程中产生的氢气能够还原蓝染料，也可以称之为"还原剂"。然而，为了区别于发酵建蓝，通常还原剂是从狭义上界定的，它是指在氧化还原反应过程中失去电子的物质，其本身就具有还原性。其中，连二亚硫酸钠（俗称"保险粉"）作为强还原剂，使用最为广泛，它将不溶性蓝染料直接还原为可溶性靛白的方法，即为典型的还原剂建蓝。

这里以使用日本"蒅"为例，介绍还原剂建蓝方法。使用材料包括"蒅"土状蓝染料、连二亚硫酸钠和消石灰粉（图42）。先把"蒅"染料放入不锈钢盆，再倒入消石灰粉，加温水搅拌；然后，将其倒入塑料桶，加水搅拌均匀；最后，加入连二亚硫酸钠，充分搅拌；染液迅速变化，逐渐呈现黄绿色；静置30分钟左右，就可以用于染色（图43）。

（3）关于"提浸法"

蓝染工艺广泛使用一种称为"提浸法"的染色方法。所谓"浸"，就是将被染物浸入染液染色；所谓"提"，就是将被染物从染液中提取出，在空气中氧化。"一提浸"就是指浸染一次、氧化一次。染制深色需要反复浸染和氧化，即多次操作"提浸"。染

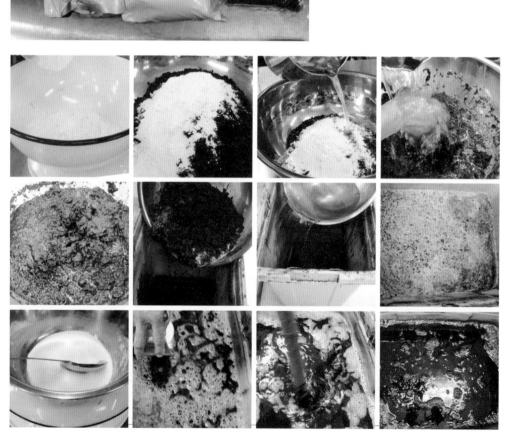

图 41　日本"蒅"发酵建蓝过程

图 42　还原剂建蓝材料

图 43　保险粉建蓝过程

图 41
图 42
图 43

图44 用"提浸法"染渐变色

制深浅渐变色，也需要多次"提浸"，但浸入被染物量渐次减少，即上端"提浸"次数少，下端"提浸"次数多，染出的蓝色则由浅逐渐变深（图44）。

四、结束语

人类沿用了几千年的天然染料，由于近代合成染料的产生而迅速消退。然而，随着经济发展和社会进步，人们的生态和环保意识越发强烈，因而，从天然植物材料中提取色素进行染色的生态型传统染色技术又回归人们的视野。其中，蓝染工艺环保特征显著，染出的色彩鲜艳亮丽、色牢度高。因此，在追求回归自然、绿色环保、低碳生活的当今，传统染色方法拥有非常广阔的开发前景和活态化应用空间。

（注：本文根据作者在2021年5月26日北京服装学院敦煌服饰文化研究暨创新设计中心举办的"天然染色沙龙"发言内容整理而成。）

赵燕林 / Zhao Yanlin

赵燕林，男，敦煌研究院副研究馆员，文学硕士。主要从事敦煌石窟艺术与美术史等方面的研究工作。主持国家社科基金项目、甘肃省社科规划项目等多项课题。出版《兰州刻葫芦》《兰州耿家脸谱》等著作，在《敦煌研究》《敦煌学辑刊》《自然辩证法研究》《艺术设计研究》《西北民族大学学报》等学术期刊发表论文十余篇。

中国文化西传的实例
——敦煌"三兔共耳"图案的内涵及其流布

赵燕林

感谢刘元风教授的介绍，非常有幸能够受到敦煌服饰文化研究暨创新设计中心的邀请进行本次讲座。本次讲座是基于最近撰写的一篇论文，这篇论文完成以后进行过多次修订，后来发现还有一些遗漏和需要讨论的地方，此次我将把前后两篇论文以及一些新发现的材料和新的研究心得做一个梳理与大家分享，希望得到各位老师的指点和批评。

我今天的讲座题目是《敦煌"三兔共耳"图案的内涵及其流布》。一般来说，敦煌早期石窟中的很多装饰图案都是从西方传过来的，例如很多已被学界证实的忍冬纹、联珠纹、翼鸟纹等从西方传到敦煌的装饰图案，而很少有从中国传到西方去的图案实例。但是经过几代学者的研究，发现还是有一些图案是从中国传到西方的，比如"三兔共耳"图案。虽然此前就有这样的说法，但是并没有确凿的证据证明这一图案向西传播的路径。我们搜集到了有关这一图案内涵和流布的一些较为可靠的证据和大家分享。因此，今天的讲座主要包含两个部分，第一部分是"三兔共耳"图案的内涵探讨，第二部分是"三兔共耳"图案的基本流布情况。

一、概述

敦煌石窟的藻井图案是敦煌壁画当中最为精美的部分，从洞窟开始开凿的北凉一直到开凿结束的元代一千多年间，每个时代几乎都有覆斗顶洞窟，这种洞窟形制是敦煌石窟中数量最多的。而覆斗顶洞窟中最精美的部分是位于洞窟最高位置的藻井图案，尤以分布其中的"三兔共耳"图案引人注目。"三兔共耳"图案的主体部分是最中心的三只兔子，三只兔子共用三耳，两两共用一耳，作往复奔跑状。实际上，"三兔共耳"图案的装饰手法使用了中国传统的"共生"创作手法，学术界对于这一观点是有共识的。但从目前发布的各类资料情况来看，这类图案几乎分布在古丝绸之路沿线的亚洲大陆和欧洲大陆的各个国家和地区，虽然在其他国家也有，但是数量比较少。

这一设计独特的装饰图案，其内涵、来源以及流布范围等问题一直被认为是一个世界性难题。长期研究三兔共耳图案的英国学者苏·安德鲁（Sue Andrew）曾指出：三兔共耳图案的"含义在当今任何一种文献或者文化资料当中，都无法找到确凿答案。"的确，这一图案所带给人们的无限遐想相较于图案本身似乎更具诱惑力。

二、"三兔共耳"图案的相关研究问题

"三兔共耳"图案的相关研究开始于20世纪80年代，但多集中在对图案艺术样式、类型和变迁的研究方面，实际上是一个关于该图案的整理研究。21世纪初，越来越多的学者对这一图案所蕴含的意义、价值以及来源等问题展开了激烈讨论。如2004年，在敦煌召开的"2004年石窟研究国际学术会议"上，就有3篇关于"三兔共耳"图案的论文或论文提要，学者们从不同角度对这一图案的产生、分布、内涵、美学特征等进行了讨论。

其中比较有代表性的是徐俊雄先生发表的《敦煌藻井"三兔共耳"图案初探》一文，他认为敦煌藻井当中的三兔代表了佛的三世，并指出这种形式的图案是吸收了中国古老的民间造型艺术手法创新的结果。目前这是一种主流的说法，三只兔子代表了佛的过去、现在、未来，虽然三只兔子在佛教教义中没有明确说是佛的三世，但结合佛教中"兔王本生"等内容来看，三只兔子的确可以和佛三世等联系起来，所以这种说法是比较被认可的。

第二种观点来自英国学者大卫·辛马斯特（David Singmaster）发表的《三兔、四马、六人和其他》一文。大卫·辛马斯特结合12～19世纪初出现在欧洲等地的一些相似图像，认为三兔图像在几何学上实际是一个益智游戏，并将儿童玩的一些古代游戏工具或游戏类的东西和三兔图像做了比较，认为"三兔共耳"图案具有游戏的功能。该观点成立与否可能还需要进一步的考证。

第三种观点来自英国学者苏·安德鲁等三个人的论文提要《探索连耳三兔神圣的旅程》。虽然这个论文提要比较短，但苏·安德鲁等三位作者十分执着，提交这篇论文提案后一直对世界范围内的"三兔共耳"图案进行调查，最终在2016年他们整理出版了一本名为《三只野兔的神奇旅程》的专著，该专著是对世界各地现存的"三兔共耳"图案做的归纳和整理。

2005年，研究中国古代智力游戏探索项目的张卫，和英国学者拉斯穆森在"第二届西藏考古与艺术国际学术讨论会"上发表了《佛教中的连耳三兔图像》一文。该文章对世界范围内流行的"三兔共耳"图像进行了详细的比较，指出这一图案从其发源地中国敦煌开始，它的足迹遍布古代西藏的达拉克和阿里寺院，同时还出现在中亚和欧洲各地，并介绍了数量可观的连耳三兔和四兔图像的情况，比较肯定"三兔图案就是从中国传到西方"的说法。

2016年，胡同庆先生在敦煌召开的"敦煌壁画艺术继承与创新国际学术研讨会"上发表了《论敦煌壁画三兔藻井的源流及其美学特征》一文。胡先生对敦煌石窟当中的"三兔共耳"图案做了一个系统的梳理，但也有疏漏的部分，例如，他在文章中提出"三兔共耳"图案最早出现在隋代，最晚结束于晚唐，但是在最近的调查中，我们发现在敦煌五代的石窟当中也有"三兔共耳"图案，所以我在这次调查当中也对这些结果进行了补充。胡同庆认为敦煌文献当中出现的回文诗与敦煌壁画藻井中的三只兔子循环追逐奔跑的形式可能来源是相似的，体现了当时敦煌民众对具有趣味性的文学和艺术作品的喜爱。但这仅仅是一个比较合理的推测，无确凿证据所证实。同年，英国学者苏·安德鲁、克里斯·查普曼（Chris Chapman）和汤姆·格利沃斯（Tom

Greeves）组成的"三野兔"的项目团队通过对世界范围的"三兔共耳"图案进行了大量的收集和研究，出版了《三只野兔的神奇旅程》（图1❶）。该书中包含200幅以上的"三兔共耳"图案的图像资料，时间范围也分布得极为广泛。因此，我的研究就是在苏·安德鲁等几位学者对世界范围内"三兔共耳"图案的调查基础上，结合敦煌壁画当中的"三兔共耳"图案进行的一种"比较性"的研究。

图1 《三只野兔的神奇旅程》（苏·安德鲁等著）

三、敦煌壁画中的"三兔共耳"图案

下面简单介绍一下敦煌石窟当中"三兔共耳"图案的基本情况。现存最早的"三兔共耳"图案一般认为出现在敦煌隋代壁画中，目前统计有20个洞窟均绘制有这一图案，其中17个洞窟为藻井图案，3个为天宫栏墙装饰图案，还有1个绘制于三兔藻井的垂帐纹中，总共在20个洞窟中出现了21次。

从时代分布情况来看，敦煌壁画中的"三兔共耳"图案应该发端于北周末期，主要流行于隋和中晚唐时期，最终消亡于五代。近期我们发现，开凿于隋开皇四年（584年）的莫高窟第302窟天宫栏墙中有一方"三兔共耳"图案，这也是目前可知年代最早的"三兔共耳"图案（图2）。根据樊锦诗先生考古断代分期研究，她认为北周洞窟的开凿时代"相当于西魏大统十一年（545年）至隋开皇四年、五年（584年、585年）之前"一段时期内。所以，虽然莫高窟第302窟有隋开皇四年的纪年题记，但它的风格是接近北周的。具体来看，绘制"三兔共耳"藻井图案的洞窟分别为莫高窟隋代第305、383、397、406、407、420窟，初唐第205窟，中唐第144、200、237、358、468窟，晚唐第127、139、145、147窟，五代第99窟。其中为天宫栏墙装饰图案的有莫高窟隋第302、416、427和第420窟。时代最早者当为隋第302、305窟；最晚者则为五代第99窟，该窟在此前学界的调查中从未被提及。

需要特别强调的是，莫高窟第302窟西壁的天宫栏墙纹当中的三兔共耳图案，绘制形式较为简单，所以我们推测这个图案最初可能是作为草图或者一般装饰图案绘制在天宫栏墙这个不太重要的位置上的。而在隋开皇五年开凿的莫高窟第305窟里，这一图案被绘制在了藻井当中，位置的提升证明"三兔共耳"图案也是经历了"初创"到"完全绘制"的一般艺术发展历程。

通过前面的介绍，我们大概可以看出"三兔共耳"藻井图案在敦煌石窟中大致可以分成两种构成形式：第一种是借用早期洞窟当中的"斗四"藻井形式，中央图案为

---

❶ 图1采自苏·安德鲁、克里斯·查普曼和汤姆·格利沃斯所著《三只野兔的神奇旅程》（*The Three Hares-A Guriosity Worth Regarding*）。

图 2　莫高窟－隋开皇四年第302窟－栏墙"三兔共耳"图案

图 3　莫高窟－隋开皇四年、五年第305窟－"三兔共耳"藻井图案

图 4　莫高窟－隋第406窟－"三兔共耳"藻井图案

图 5　莫高窟－隋第420窟－"三兔共耳"藻井图案

图 6　莫高窟－隋第407窟－"三兔共耳"藻井图案

图 7　莫高窟－初唐第205窟－"三兔共耳"藻井图案

图2		图3	
图4	图5	图6	图7

三兔共耳图案，比如第305窟（图3）、第406窟（图4）、第420窟（图5）等。第二种是独立纹样式的"三兔共耳"图案藻井，如隋代晚期第407窟（图6）、初唐第205窟（图7）等窟藻井中的三兔共耳图案，基本都为这一形式。这两种基本的藻井装饰形式对我们讨论"三兔共耳"图案内涵有着非常重要的帮助❶。

四、"三兔共耳"图案的流布

第四部分讲一下"三兔共耳"图案的流布情况。从现存各类遗存资料来看，可以确定时代的"三兔共耳"图案最早可上溯至北周晚期。也就是前面我们提到的莫高窟隋开皇四年开凿的第302窟中的相关图案。当然，这一图案是否最早出现在敦煌，尚无完全的证据。但其究竟源于何处？关友惠先生曾推测三兔纹是从西方（中亚）通过中原间接传到敦煌的，但在现有考古资料中，还无法找到三兔纹在中原地区的踪迹，在广大西域地区也未发现早于莫高窟的"三兔共耳"图案。胡同庆先生认为，从10世纪西藏古格连耳四兔，12世纪末印度拉达克阿尔奇寺庙三兔、巴斯高寺四兔，以及伊朗铜盘上的连耳三兔来看，晚唐以后莫高窟的三兔纹很可能是通过中国的青海、新疆到达西藏，然后传播到印度等地的。该观点中所提及的传播路径有待考证，但是单从时间分布上来看，确实存在这样的一条传播路径。张卫、苏·安德鲁等人认为，西方的连耳三兔图样主要出现于12～13世纪，当时"三兔共耳"图案可能通过纺织品或其他工艺美术品沿着丝绸之路由东向西传播。

我们将苏·安德鲁等人调查所得的三兔共耳图案按时代、地域作一比较（表1），

---

❶ 图2～图7由敦煌研究院数字化研究所提供。

发现现存的最早的"三兔共耳"图案保存于敦煌，而中亚、西亚所存稍晚，欧洲所存最晚。

表1 亚欧各国现存"三兔共耳"图案基本分布图

	原分布地区	呈现形式	时代	现存地点
中亚和西亚地区	巴基斯坦斯瓦特赛杜沙里夫地区	赤陶牌匾浮雕	6～7世纪	巴基斯坦斯瓦特赛杜沙里夫遗址出土
	信仰伊斯兰教地区	伊斯兰圆章模印玻璃	1100年左右	德国柏林
	信仰伊斯兰教地区	天主教圣坛底座围板上	1100年左右	德国特里尔教堂
	土库曼斯坦麦色富（Merv）	模印陶瓷器具	12世纪	土库曼斯坦马雷州
	阿富汗喀兹尼（Ghazni）	金属盘子	12世纪末	阿富汗喀兹尼
	拉达克阿尔奇（Alchi）	布料图形	1200年左右	印控克什米尔东南部
	伊朗	托盘	1200年左右	英国伦敦
	科威特	瓷砖画	1200年左右	科威特
	信仰伊斯兰教地区	伊斯兰瓶子	1200年左右	俄罗斯圣彼得堡
	叙利亚	多色陶瓷器上画	1200年左右	——
	蒙古国	铜币铸印	1281年或1282年	伊朗乌尔米那
欧洲等地	德国海纳教堂（Haina）	教堂钟表上铸造	1224年	德国海纳教堂
	法国威森堡（Wissembourg）	瓷砖画	13世纪	法国威森堡
	英国伦敦坎特伯雷（Cantervury）	手抄本圣经	13世纪末	英国伦敦坎特伯雷
	英国朗科兰敦教堂（Lang Crendon）	瓷砖画	14世纪初	英国朗科兰敦教堂

　　这样一条实物遗存时代、地域分布特点应该不是偶发的，不然无论如何都会有一些零星的线索或相关遗迹发现。如果假设这一图案源于公元6世纪的敦煌，则可以明显得出这一图案以中国敦煌为起点，最早至公元1100—1200年前后时沿丝绸之路同时向蒙古、印度、中亚各地传播，后又经由蒙古和印度再次向中亚、西亚各国传播，最后从中亚、西亚向非洲的埃及、欧洲各国传播的这样一条脉径的结论（图8）。从现存世界各地的这一图像资料来看，这样一条脉经似乎是清晰而合理的。毕竟，现存的这一图案呈现出东早西晚的实事是无可辩驳的。

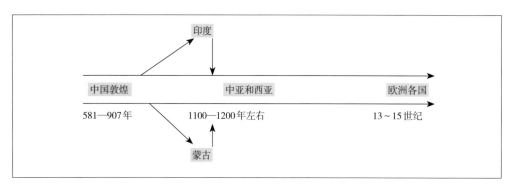

图8 "三兔共耳"图案传播路径示意图 赵燕林制

众所周知的是，三兔共耳图案采用了中国传统装饰图案的"共生"创作手法，关于这一点徐俊雄、胡同庆、陈振旺等先生已有详细讨论。所谓"共生"的创作手法，其实就是将两个或两个以上相同造型元素的相同部分叠加重合在一起，在构成一种完整图形的同时，又不破坏单体结构的完整性，从而形成一种新的装饰图案的艺术创作手法。现存的此类图案，最早出现在中国新石器时代的彩陶和玉器上，随后在春秋战国时期的铜敦盖上、漆器上也出现了类似形式的图案（图9、图10❶），最为突出的是汉代瓦当上的三雁纹（图11）以及画像石上的三鱼共首纹（图12、图13）等。这些文物资料从多个方面说明三兔共耳图案的产生在中国有着深厚的文化基础。由此我们可以推断，三兔共耳纹应是中国传统纹样设计思想的产物。

图9 | 图10
图11
图12 | 图13

图9 楚曾侯乙墓青铜器上－连凤纹（战国）

图10 战国漆器－三凤纹（湖南长沙出土）

图11 汉代瓦当－三雁纹（陕西省文管会藏）

图12 山西离石区马茂庄－汉代画像石（山西太原重阳宫藏，赵燕林摄）

图13 河南巩县（现巩义市）石窟－汉代画像石（赵燕林摄）

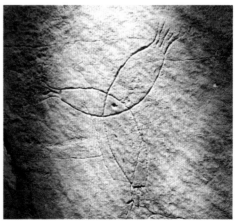

❶ 图9、图10采自吴山编著的《中国纹样全集 战国·秦·汉卷》，济南：山东美术出版社，2009年。

五、"三兔共耳"图案的内涵再探

从莫高窟现存洞窟的藻井内容来看，根据时代大致可以归纳为：北朝"三圆三方宇宙模型"形式的藻井，隋朝莲荷和三兔藻井，唐代莲荷、三兔及其他藻井图案。其中隋唐时期出现三兔藻井图案与北朝表现天象的藻井图案有着密不可分的关系。

"三圆三方"宇宙模型是曲安京、陈镱文等先生根据北大藏秦简《鲁久次问数于陈起》等文献资料研究而来的一个观点。秦简《鲁久次问数于陈起》用具体的数字描述了一个"地方三重，天员（圆）三重"的由方和圆相互嵌套的宇宙模型。它和《周髀算经》及其盖天说都以论述天圆地方传统宇宙观念为根本，其图形是对盖天说"七衡六间图"的抽象概括，是构建在"形"与"数"比例关系基础之上的"天"或"天象图"。这一图案中的三圆直径，以及三方边长之间都存在的倍数关系，即小、中、大圆（方）的直径（边长）之比为"5∶7∶10"，其比例关系为$\sqrt{2}$（图14）。这种含有明确数理关系的"方、圆"图像，以"形"与"数"之间的比例关系揭示了"数之法出于圆方，圆出于方，方出于矩，矩出于九九八十一"的"方圆"宇宙观念。它在佛教石窟中的应用，既有佛教"尚圆"的因素，更有佛教初传期间借用中国传统文化图式的原因。但这一图式在北朝佛教石窟中依然按照"三圆三方"的基本面貌呈现，说明这一图式所蕴含的传统宇宙观念符合佛教相关要求。因此，在佛教洞窟最重要的位置——藻井中绘制三圆三方宇宙模型，表明佛教宇宙观念与中国传统宇宙理论不谋而合，体现了"天人合一"与"因果轮回"思想的相互关照。在这种宇宙观念的主导下，无论洞窟的设计还是营建，都会被这种无形的思想所约束，这可能是佛教洞窟内容在这一时期被中国化的原因之一。所以，莫高窟北朝洞窟的藻井图案无论是在形式上，还是在功能需要上都是对"三圆三方"这一宇宙模型的利用，也是对这一宇宙观念的借用。

在敦煌莫高窟北凉第272窟、西魏第285和249窟、北周第296和461窟的五个覆斗顶型的藻井图案中，全部为中心三个圆圈、周围三个方框构成的藻井图案（图15）。这一图案与窟顶藻井图案与北大藏秦简中的陈起"三圆三方"宇宙模型一致。该图由中心三个圆外切三个正方形的形式构架而成，三圆直径分别等于三方边长，三圆直径之比和三方边长之比都为$\sqrt{2}$的倍数关系。$\sqrt{2}$这一特殊的勾股数，在中国传统宇宙理论中体现着天圆地方、天人合一的哲学观念。通过比对同期各地墓葬藻井图案，可以发现相同类型的图案表现的是传统三圆三方宇宙模型，表达的是天圆地方的宇宙观念，体现的是天与天国的理想景象，传递的是天人合一的终极思想。

而这一图案到了隋代以后，部分被绘制成为了三兔共耳图案，其间有明显的延续关系。如莫高窟西魏第285窟藻井图案（图15），莫高窟北凉时期的第268窟藻井图案（图16左），这些藻井图案都使用了三个圆圈加三个方框的模式，也就是我们所提到的"三圆三方"宇宙模型的藻井图案。到了莫高窟隋代第305窟（图16中），依然在使用这样的模式，但是中心绘制的图案却变成了三兔。但到了稍晚的第407窟却变成了独立纹样式的装饰图案（图16右）。

"三兔共耳"图案的含义，其实与中国传统的北斗信仰有密切的关系。《晋书·天文志》载："魁四星为璇玑，杓三星为玉衡。"又东汉纬书《春秋运斗枢》载："北斗七星

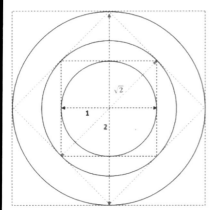

图14 "三圆三方宇宙模型"（根据北大藏秦简《鲁久次问数于陈起》所绘）

图15 莫高窟－西魏第285窟－"三圆三方宇宙模型"藻井图案

图16 敦煌早期藻井图案的三种基本形式（从左至右：北凉第268窟三圆三方宇宙模型藻井团、隋开皇五年第305窟三圆三方加三兔共耳藻井图案、隋第407窟三兔共耳图案）

图14 图15 图16

第一天枢，第二璇，第三玑，第四权，第五玉衡，第六开阳，第七摇光。第一至第四为魁，第五至第七为杓（柄），合之为斗。""玉衡星散而为兔……行失摇光则兔出月。"这里的"斗"指北斗七星，"衡"指第五星"玉衡"，"摇"指第七星"摇光"。这句话的背景无从得知，但似乎是说一旦北斗斗柄的玉衡星散落，其将会化生成地下的兔子。斗柄上"摇光"黯然失色，玉兔就从月亮里淡出。无论此说正确与否，但至少说明玉衡星与兔子有着某种或多或少的联系。而据《文选·扬雄》李善注引韦昭曰："玉衡，北斗也。"既说玉衡代指北斗，也指"斗柄"三星。作为"玉衡之精"的兔子自然成了玉衡星的代名词，也成了玉衡三星的合称。

隋代前期社会经济繁荣、政治安定、民生富庶，长寿和多子多福的意愿变得更为强烈。此时人们需要一种理想化的图式寄托，长寿、繁殖能力超强且隐喻轮回的兔子图案便成了不二选择。一只兔子还不能完全表示足够的美好，还不能表示足够的长寿，还不能表示足够的生生不息。于是，功德主们理想的三只往复循环的白兔便应运而生了，因为中国古人认为"三"是无限多的。也因此，融合了各种文化元素的符号形象——三兔共耳藻井图案出现在了莫高窟。

六、结语

总之，现存世界各地的"三兔共耳"图案从其分布特点来看，在时间上具有极强的连贯性。即这一图案是按照中国最早，蒙古、印度、中亚、西亚次之，埃及、欧洲各国最晚这样一条时间轴线分布的。这样一种特点，使得我们更有理由相信，"三兔共耳"图案是从中国自东向西传播至世界各地的，而非从西亚和中亚自西往东传往中国的。

这样一条传播路径，虽然没有直接证据，但根据对北朝、隋等时期藻井图案的对比，我们发现隋代开始的"三兔共耳"藻井图案与北朝"三圆三方宇宙模型"藻井图案内涵一脉相承。其是中国传统文化和佛教文化与其他文化思想的有机结合，更是洞窟功德主们朴素的多子多福与生生不息思想的美好寄寓。因为藻井寓意以水克火，故藻井中的兔子便是中国古代象征"阴精"的月中兔；古人认为北斗的斗柄三星即为玉衡之精，而玉衡又是兔子的象征，加之数字"三"在中国古代有无限之意，故藻井中出现了三兔形象；佛教中兔乃佛本生的化身，佛教强调因果轮回，所以循环往复的

"三兔共耳"图便应运而生。三兔藻井图案从一个侧面反映出某种信仰符号的兴衰与普世的多元文化息息相关。

以上是我今天和大家一起分享的主要内容。谢谢大家！

图17～图24的图像资料选取自苏·安德鲁等著《三只野兔的神奇旅程》(*The Three Hares-A Curiosity Worth Regarding*)。

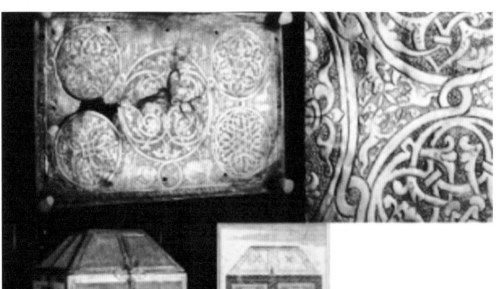

图17 | 图18
图19
图20 | 图21

图17 伊朗托盘（13世纪）

图18 陶器碎片（埃及或叙利亚，约1200年）

图19 犹太棺木（约13世纪早期）

图20 拉达克巴斯国（今克什米尔地区）城寺庙壁画（16世纪）

图21 英国达特穆尔"三兔共耳"图案（中世纪）

图22 克什米尔达克拉地区东南部，阿奇寺壁画（12世纪晚期）

图23 伊朗圆盘（13世纪）

图24 法国手稿（13世纪）

图22	图23
图24	

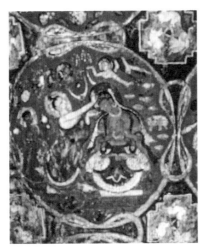
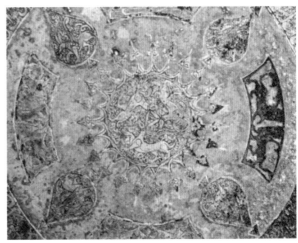

（注：本文根据2021年11月17日敦煌服饰文化研究暨创新设计系列学术讲座第十三期的主要内容整理而成。）

李路珂 / Li Luke

李路珂，女，清华大学建筑历史与理论专业博士、清华大学建筑学院特别研究员、博士生导师，师承傅熹年院士、王贵祥教授，从事建筑史研究。多年致力于中外建筑历史与理论、古典建筑与法式制度、建筑装饰与色彩、传统建筑设计方向的研究与教学。出版专著《〈营造法式〉彩画研究》，译著《帕拉第奥建筑四书》《西方建筑的意义》，编著《北京古建筑地图》《湖南古建筑地图》《古都开封与杭州》等。主持国家自然科学基金课题"基于《营造法式》的唐宋时期木构建筑、图像及仿木构建筑中的建筑装饰与色彩案例研究""基于《营造法式》彩画作制度的中国唐宋时期官式建筑色彩设计规律研究"，以及其他国家级、省部级课题多项。

中国古代石窟装饰与木构建筑装饰的关系
——以甘肃安西榆林窟西夏后期石窟为例

李路珂

感谢刘元风老师的邀请，我很荣幸能够与研究敦煌服装艺术和从事服装设计的专家进行交流。我今日主讲内容的主要材料是安西榆林窟的西夏后期石窟，借此来讲一讲石窟装饰和木构建筑装饰之间的关系。在20世纪30、40年代，梁思成先生和中国营造学社的同仁等专家学者从建筑制度的研究出发，试图建立中国建筑的营造史体系，在40年代的时候已基本弄清楚了建筑结构的相关制度，但是关于建筑色彩方面的研究较少。所以我在2001—2007年读博期间，我的导师傅熹年先生建议我选择《营造法式》的彩画进行深入的研究，敦煌莫高窟和榆林窟的色彩和装饰就是这项研究的重要实例。

一、建筑纹样与服饰纹样的关系

今天我非常荣幸能够作为一名建筑史研究者与北京服装学院的专家、学者交流，在我们开始谈论建筑装饰之前，我想讨论一下建筑纹样与服饰纹样的关系。

装饰设计离不开装饰的对象或者"本体"，我们稍后将要讨论装饰和本体的几种不同的关系，但是对于建筑纹样和服饰纹样来说，装饰的"本体"是建筑和人体这样完全不同的对象，它们是毫不相关的？还是有什么相似和联系呢？我想可以从以下几个方面来找到建筑纹样和服饰纹样之间的相似性。

1. 各文化圈中的"统一风格"

形式创作的法则往往可以跨越不同的功能和工艺，在一个文化圈中保持高度的同一性。艺术史家E.H.贡布里希（sir E.H.Gombrich）曾把这种同一性定义为"风格"："如果一个民族的全部创造物都服从于一个法则，我们就把这一法则叫作一种'风格'。"这里"全部的创造物"，就包括建筑、服饰、器物等。这是对于文化圈中存在的统一"风格"的宏观观察。

2. 建筑装饰和服装装饰之间的模仿现象

不同领域的装饰之间可以互相模仿。林徽因先生在1953年的一篇文章中较早地从这个视角进行了观察："在柱上壁上悬挂丝织品，和在墙壁梁柱上涂饰彩色图画，以满足建筑内部华美的要求，本来是很自然的。这两种方法在发展中合而为一时，彩画自然就会采用绫锦的花纹，作为图案的一部分。"

钟晓青先生则从礼制和时尚的角度来讨论二者之间模仿现象的内在原因："相对来

说，体现等级制度最重要、最直接、最首当其冲的部分，不是建筑，而是与吉凶六礼直接相关的宴乐器用、舆服仪仗等。视营造为'下艺'的传统，决定了建筑技术（包括工具）以及建筑装饰的发展往往滞后并借自其他倍受重视的工艺门类。被视为'时尚'的做法与样式，往往首先出现在器物、织物之上，然后才会逐渐延转至建筑之中。"所以这样的制度结构就决定了建筑技术，包括建筑的工艺工具以及建筑装饰的发展，可能有一些流行的做法和样式首先是出现在一些器物和纺织品上面，然后才会逐渐运用到建筑当中。

3. 中国文化中的整体观

中国传统文化强调万物的关联而非差别。人们常用关联的态度看待建筑、自然以及人体本身。《世说新语》中刘伶的故事就是一个例子："刘伶恒纵酒放达，或脱衣裸形在屋中，人见讥之。伶曰：'我以天地为栋宇，屋室为裈衣，诸君何为入吾裈中？'"这个故事讲述了中国南朝被誉为"竹林七贤"之一的刘伶，在喝醉酒以后脱光衣服坐在屋子里，有人突然进到刘伶的屋子中并嘲笑他，但是刘伶反而嘲笑进来看他的人说："对我来说天地才是我的房子，这个建筑其实是我的衣服，你现在是跑到了我的衣服里面，所以可笑的是你而不是我。"这就是将自然、世界和人体看作是一体，对建筑进行装饰和对身体进行包裹的形式逻辑其实是一样的。

这种整体性也从"装"字的本义中显现出来。《说文解字》中对"装"的解释为："装：裹也。从衣，壮声。段玉裁注：束其外曰装，故着絮于衣亦曰装。""装饰"的"装"，同时是"服装"和"装束"的"装"，都是以某物（装饰）"包裹"在另一物（本体）的外部。从这个角度来看，对器物、人体和建筑进行装饰的概念，都是从服装的逻辑发展出来的。

4. 职官和制度层面的内在联系

从职官和制度方面来看，建筑和服装的装饰之间也有着一些内在的关联，掌管建筑设计和器物设计的职官，可能是同一人或同一家族。

比如初唐时期的窦氏家族同时掌管了器物、织锦和建筑的修造。窦抗任唐高祖时期的将作大匠，他的事迹在《新唐书》中有记载。窦抗有个儿子叫窦师纶，在益州做行台官，职掌"检校修造"，是重要的织锦样式创作者，可以在《历代名画记》中找到关于他的记载："窦师纶，字希言、纳言陈国公（窦）抗之子……封陵阳公。性巧绝，草创之际，乘舆皆阙，敕兼益州大行台，检校修造。凡创瑞锦宫绫，章彩奇丽，蜀人至今谓之'陵阳公样'。官至太府卿、银、坊、邛三州刺史。高祖、太宗时，内库瑞锦对雉、斗羊、翔凤游麟之状，创自师纶。至今传之。"

根据《通志》的记载，五代时期有个官职叫"匠师中大夫"，"掌城郭宫室之制，及诸器物度量"，是同时掌管了建筑设计和器物设计的官职。

到了宋朝，有专门的机构来分管营造、器物、服饰，比如管理器物和服饰的叫"少府监"，管理宫室营造的叫"将作监"，但它们仍然是相邻的机构。

5. 实物的证据

建筑装饰与人体或服装装饰相似的具体例子有很多，比如宋元时期阿弥陀佛胁侍菩萨腿部装饰（图1）与山西晋祠圣母殿的外檐斗拱彩画的装饰（图2），以及元代山西洪洞县广胜寺下寺后佛殿梁栿彩画的装饰（图3）具有相似的构图，即不同团花互相叠加形成的一种像笋壳层层剥开的纹样。

建筑装饰与纺织品纹样相似的具体例子，比如辽代耶律羽之墓石门彩画（图4）和此墓出土的绢地球路纹大窠卷草双雁绣残片（图5）就采用了相似的纹样，都是以四斜球纹为底，重要位置做大型团花。北宋《番骑图卷》中人物服饰（图6）则显示了这种纹样的纺织品做成服装以后的效果。

6.《营造法式》中的证据

《营造法式》中有非常明确的语言表达了建筑彩画纹样就是以丝织品的纹样为模仿对象。在第14卷《彩画作制度》中说到采用石青、石绿、朱砂作为主要颜料的原因："取其轮奂鲜丽，如组绣华锦之文"。其中，"组""绣"和"锦"都是丝织品的名称。

《营造法式》中提到的一些纹样名称，比如"团窠""方胜""宝照""簟文"等，

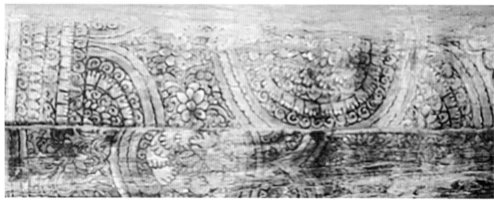

图1	图2
图3	
图4	图5	图6

图1　宋元时期阿弥陀佛协侍菩萨腿部装饰（《大汗的世纪》）

图2　山西晋祠圣母殿的外檐斗拱彩画（李路珂摄）

图3　元代山西洪洞广胜寺下寺后佛殿梁栿彩画（李路珂摄）

图4　辽代耶律羽之墓石门彩画（《辽耶律羽之墓发掘简报》，载《文物》，1996年第1期）

图5　辽代耶律羽之墓出土的绢地球路纹大窠卷草双雁绣残片（《耶律羽之墓丝绸中的团窠和团花图案》，载《文物》，1996年第1期）

图6　北宋《番骑图卷》人物服饰纹样（美国波士顿美术馆藏）

这些名称同时还出现在《宋史·仪卫志》《辍耕录·书画褾轴》等书中，但它们描述的却是织锦纹样。

《营造法式》彩画还大量使用"锦"字作为纹样名称的后缀，例如"海锦""净地锦""细锦"等，不管从样式还是从名称来看，都可推断出这些名称是取材于丝织品的纹样。

《营造法式》中还有不少关于"锦文"的图样，它们非常详细地说明了"五彩装净地锦"这种纹样类别是怎样用在不同建筑构件上的（图7）。

我把这些纹样全部都拆出来看，有十多个不同的样式，分别用于五种不同的建筑构件（图8）。如果不考虑建筑构件形状的差异，我们可以把这些纹样整理成七种二方连续的纹样片段，进一步细分可以发现其中只有五种纹样单元，即五种不同的"科"（图9）。"科"是《营造法式》中这类纹样单元的名称（在其他文献中还称为"窠"），它指一种封闭的图形，其形状有很多种，每种形状又有自己的名称，圆形的叫"团科"，菱形的叫"方胜"，两头尖的梭形叫"两尖科"，有四个圆花瓣的叫"四入瓣科"，有四个尖形花瓣的叫"四出尖科"，它们按照四边形或六边形的骨架组织连续排列，再进行上色，就成为"五彩装净地锦"。其实，纹样单元类型并不复杂，由于纹样单元类型和组合方式的变化，便产生了丰富多彩的样式。这种按照骨架连续排列的逻辑，也是古代纺织机械生产所造成的一种特点。

《营造法式》还详细地描述了这种纹样的绘制顺序：先是"用青、绿、红地做团科"，就是说纹样首先要有一个"地色"（也就是"底色"），这"地色"可能有总的地色和团科内部的地色，"在白地之内描华"，就是在里面画一些花纹，然后用"五彩浅色"去间隔地装点（图10）。

这样的"锦文"画到各种形状的木构件上，形成丰富多彩的建筑彩画，也就自然地产生织锦包裹在木构件上的效果（图11）。

清代已经有了有一套不同于宋朝的彩画形式体系，宋代的彩画纹样流传到清代，有很多纹样都不再流行，比如海石榴花在清代就退缩成为旋瓣的简单模式，但宋代的锦文在清代仍然流行，而且它的名称就叫"宋锦"（图12）。

图7 ｜ 图8

图7 《营造法式》图样中的"五彩装净地锦"（故宫博物院藏清初影宋钞本）

图8 "五彩装净地锦"纹样整理（李路珂著，《〈营造法式〉彩画研究》）

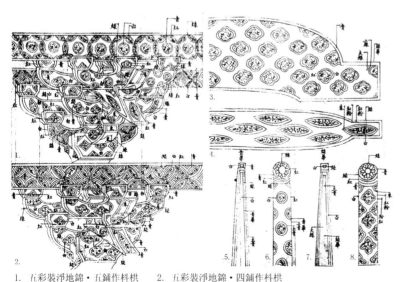

1. 五彩装净地锦·五铺作枓栱　　2. 五彩装净地锦·四铺作枓栱
3-4. 五彩装净地锦·月梁　　5-8. 五彩装净地锦·椽飞

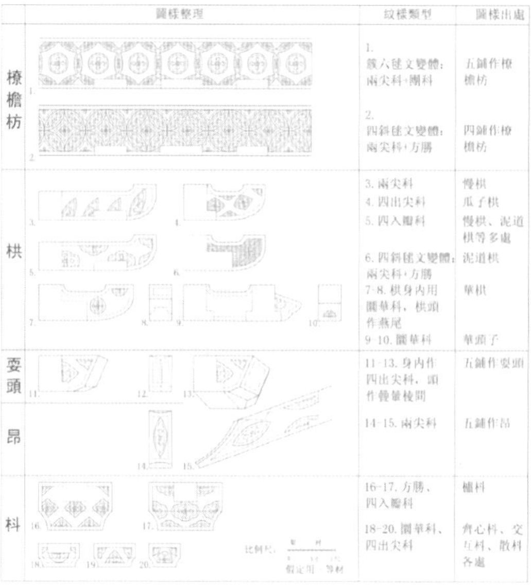

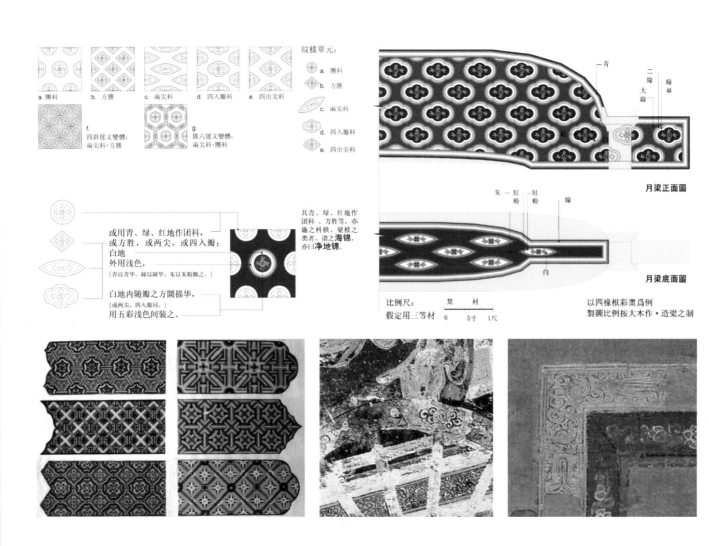

图9 "五彩装净地锦"中的纹样单元（李路珂著，《〈营造法式〉彩画研究》）

图10 《营造法式》"五彩装净地锦"示意图（李路珂著，《〈营造法式〉彩画研究》）

图11 《营造法式》中锦文图样的色彩复原图（李路珂著，《〈营造法式〉彩画研究》）

图12 清式彩画的宋锦纹样（马瑞田著，《中国古建彩画》）

图13 莫高窟－第61窟－甬道南壁－元代壁画－车轮金属包镶

图14 南宋《十王图轴》中屏风金属包镶

木材所做的器物本就容易腐朽，并且木材所做器物的连接点部位是用榫卯连接，如果榫卯的技术不够高的话，榫卯结构有时候会容易脱卯，所以古人制作器物的时候经常会在交接节点的部位增加金属加固件，建筑装饰与金属包镶工艺形式相似的具体例子，比如莫高窟第61窟甬道南壁元代壁画中车轮上的金属加固件（图13），南宋时期《十王图轴》中屏风转角处也用金属节点来进行加固（图14），这种构图方式也延续到彩画纹样中，在《营造法式》中叫作"角叶"。

还有一种纹样与任何工艺都没有太大关系，即植物纹样，其纯粹是来自人们对自然界植物美感的喜好而仿照植物创造出的纹样。《营造法式》里面的彩画作的纹样和其他的工艺，在北宋皇陵华表的石刻以及榆林窟西夏时期洞窟的边饰花纹都出现了同样类型的植物纹样，比如石榴、牡丹、莲花。石榴花是唐宋时期非常流行的纹样，纹样的特点是花心用了一个石榴的花头，其特点是尖嘴、多籽，外面由华丽肥大的卷瓣来烘托，在《营造法式》中称之为"海石榴花"，"海"表示其有海外来源的寓意，海石榴花可能是一种外来的纹样。在《营造法式》、北宋皇陵和榆林窟的边饰里面也可以看到这种纹样相似的表达（图15）。宝牙花可能很多人没有听说过，在宋朝的一些植物书中有记载，从纹样形态来看，其借鉴了石榴的花心，但是其花瓣不是肥大翻卷，而是有点像莲花的尖瓣，宝牙花就是结合了石榴和莲花这两种纹样的特征而创造出来的一种综合型新纹样。

图15 《营造法式》、北宋皇陵
和榆林窟的边饰❶（李路珂著，
《〈营造法式〉彩画研究》）

图16 装饰与结构的关系图示

图15

图16

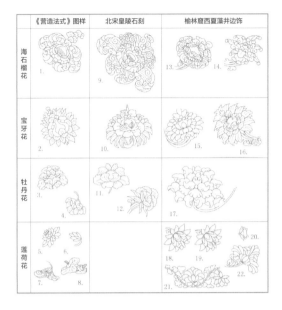

《营造法式》图样	北宋皇陵石刻	榆林窟西夏藻井边饰
海石榴花		
宝牙花		
牡丹花		
莲荷花		

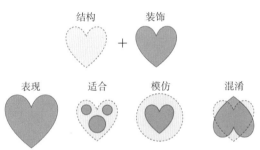

二、建筑装饰与建筑本体（结构体）的关联

建筑装饰与建筑本体（结构体）的关联，即装饰和装饰对象之间的联系，以下可总结为四种不同的关系：第一种是"装饰表现结构（Articulate）"，第二种是"装饰适合结构（Matched）"，第三种是"装饰模仿结构（Mimetic）"，第四种是"装饰混淆结构（Confuse）"。以简单的图示来表达装饰和结构之间的关系（图16），红色的形状表示装饰，灰色的形状表示结构。

第一种情况，如果两个形状相同，装饰的视觉力量更扩大一些，则是加强了结构本体，也可以说装饰在表现结构。

第二种情况，如果两个形状不相同，装饰在结构本体中进行了填充，并且装饰改变了自身的大小和形状去适合结构的形式，可将这种关系称为适合。

第三种情况，结构形式已经发生变化，不再具有原来的样式，而是追求成本和工艺上更大的合理性，如果有这样的情况，装饰可以去模仿以前的结构来增添形式趣味，这就是装饰模仿结构。在石窟或者墓葬或者砖石建筑中常存在仿木结构的现象，这就是用装饰来模仿木结构，从而形成各种各样的形式趣味。

第四种情况，有些装饰既不是表达结构也不是模仿结构，而是故意要打破这种结构而形成一种新趣味，这种类型可称为"装饰混淆结构"。

1. 装饰表现结构（Articulate）

四川乐山柿子湾汉墓石柱头可以看作装饰对结构表达的一个例子，柱顶上我们通常称为"斗栱"的这个承托上部重量的构件，在这里好像是一对活的大力士的手臂（图17）。这只是汉墓里面用石雕对地面建筑的一种表现，但可以想象在汉代可能存在这样的夸张建筑，它就是用装饰来表达和强化了一种结构形式和它受力的功能，我们称为"装饰对结构的表现"。后来这种结构造型得到了简化，比如斗栱上面的楷头

❶ 1~8：由故宫本《营造法式》图样（1103年首刊，17世纪重抄）整理得来的花头、叶片画法；
9：北宋皇陵慈圣光献曹皇后陵（1079年）西列望柱上的海石榴花头画法；
10：北宋皇陵永熙陵（997年）东列望柱上的宝牙花花头画法；
11、12：北宋皇陵永昭陵（1063年）下宫上马石上的牡丹花花头画法；
13~22：榆林窟西夏后期洞窟（第2、3、10窟，1140—1227年）藻井卷草边饰中的花头、叶片画法。

（图18），这种简化后的轮廓也是对结构的一种表达。这个形式在视觉上很有力量，在结构上同样也起到了支撑作用。

但是古人采用的有些具体形式其实对于承重、结构的合理性来说并没有直接的作用，比如河北正定开元寺塔塔基石刻的力士（图19），还有清代湖南宁远文庙的石柱上非常精美的小狮子（图20），他们看起来好像是在非常用力地驮着上面的建筑，这种造型在视觉上给人以力量感和稳定感，但实际上这只是一种装饰的表达，并没有实际的承重作用。

在这些承重的构件当中，也有糅合了不同装饰母题的新创形式来表达重力，比如龙形雀替（图21）是龙和草结合起来的形象，好像这条龙在承托着额枋，后来在明清建筑里面的雀替也具有同样的装饰逻辑（图22），好像一条非常粗壮的卷草把额枋托起来。

如果从形式分析的角度来看，"装饰表现结构"从"表现"到"装饰"可以分为四个阶段，即从"具象"到"抽象"，然后到进一步的"精炼"，再到"融合"。屋顶饰件

图17	图18
图19	图20
图21	图22

图17 汉－四川乐山柿子湾汉墓石柱头（刘敦桢主编，《中国古代建筑史》图52-3）

图18 金—清－正定隆兴寺天王殿梁架（陈明达著，《营造法式辞解》图153）

图19 唐－河北正定开元寺塔塔基石刻（李路珂摄）

图20 清－湖南宁远文庙石柱础（石圣松摄）

图21 龙形雀替（楼庆西著，《装饰之道》107页图）

图22 清－故宫熙和门雀替（李路珂摄）

同样也有这四个阶段，比如早期屋顶饰件非常具象，屋顶上装饰一只飞翔的大鸟来表现动势（图23），还有古人喜欢在屋顶上装饰水生动物来表达防止火灾的意愿，因而经常看到将龙或者鱼作为屋顶装饰（图24～图29）。比如东汉荀悦的《汉纪》："柏梁殿灾后，越巫言，海中有鱼，虬尾似鸱，激浪即降雨。遂作其象于屋，以厌火祥。"唐代胡璩的《谭宾录》："东海有鱼，虬尾似鸱，鼓浪即降雨，遂设象于屋脊。"这些都说明了屋顶装饰具象形式的象征意义。

2. 装饰适合结构（Matched）

古建筑由于结构的复杂性而会产生一些特殊的表面形状，比如三角形、转角形（L型）等，所以要设计装饰对结构进行填充和适应，形状适合的设计也是有发展过程的。汉代的L型装饰比较生硬，在转角的地方经常会出现不匀称的情况（图30），比如长沙马王堆的漆棺，菱形边饰转角的部位出现了不对称（图31），但在宋代就很好

图23　四川大邑县安仁镇出土－四川东汉画像砖－凤阙（《中国画像砖全集》图1-66）

图24　战国晚期－河北易县燕下都东贯城出土－镂空楼阙形方柱（河北省文物研究所藏，《中国青铜器全集》图9-139）

图25　河北承德须弥福寿之庙－妙高庄严殿金顶（《中国建筑艺术全集》图24-38）

图26　上海豫园建筑屋顶（《中国建筑艺术全集》图24-39）

图27　浙江寺庙屋顶（《中国建筑艺术全集》图24-49）

图28　上海豫园院墙头（《中国建筑艺术全集》图24-212）

图29　明－山西平遥镇国寺大殿屋脊（李路珂摄）

地解决了转角处不匀称的问题，比如北宋皇陵的雕刻运用了卷草的单元完成了 L 型转折的变化（图32）。从大量的实例看来，任何纹样在宋朝人的手里都可以非常灵活地驾驭，从而使装饰适应各种各样的形状，包括形状不规则的"拱眼壁"（图33），宋朝人仍然能够通过植物纹样的灵活变化来适应不规则的轮廓，也可以运用多阶对称构图（图34～图37），创造空间中的视觉中心。

　　还有一种常见的"装饰适合结构"的做法是"勾边"，在《营造法式》中称为"缘道"。所谓"勾边"就是以多次勾勒的方式，对结构的轮廓线进行强调，这样的勾勒不仅出现在浮雕上，也出现在彩画上，比如天津蓟州区独乐寺的辽代建筑，其斗拱上面采用不同的色彩进行了多次勾勒，从黑白照片中可以看到明度比较高的色彩就会被强

图30	图31
图32	图33
图34	图35

图30　汉－乐浪出土漆器卷草纹（《乐浪郡时代遗迹》，载《中国营造学社汇刊》5卷2期）

图31　西汉－长沙马王堆一号墓漆棺（湖南省博物馆藏）

图32　宋－永泰陵西列上马石西面拓本（《北宋皇陵》图250）

图33　宋－《营造法式》彩画－拱眼壁（李路珂著，《〈营造法式〉彩画研究》）

图34　浙江宁波保国寺大殿藻井

图35　山西大同善化寺大雄宝殿藻井

图 36　北京故宫养心殿藻井

图 37　北京天坛祈年殿藻井

图 38　辽代－天津蓟州区独乐寺－斗拱黑白照

图 39　辽代－天津蓟州区独乐寺－斗拱彩色照

图36	图37
图38	图39

调出来（图38），从彩色照片中看到了更强烈的对比效果（图39），因为其运用了红绿色冷暖对比来进一步强调不同的体量层次。

除了"勾边"外，在彩画作里面还有一种专门的色彩技法叫作"叠晕"，"叠晕"指的是运用不同明度的色彩序列来反复勾勒轮廓，形成"凹凸"的错觉（图40）。这种反复勾勒轮廓的做法在其他工艺中也存在，比如屋脊（图41）。中国古代建筑的屋顶造型是复杂的多面体，不同面的分界线需要建造屋脊，屋脊实用功能是防水，视觉作用是强调多面体的轮廓线，在中国古代建筑里往往也是要用凸出和凹进的线条对屋脊的轮廓进行多次勾勒。早期的屋脊是通过"叠瓦"（图42），即一层一层的瓦叠加起来，形

图40　｜　图41

图40　《营造法式》五彩遍装制度图解（李路珂著，《〈营造法式〉彩画研究》）

图41　叠晕工艺运用于屋脊

成一种被强调的轮廓线，在绘画中也是如此表现（图43）。但是在后期的屋脊中便形成了一种模件单元，琉璃屋脊是通过预先烧制出来的标准化的琉璃件进行一层层地叠加，从而产生凹凸和阴影的效果，这种部件叫作"通脊"（图44、图45），对于不同规模的建筑，"通脊"也有不同类型的做法。

3. 装饰模仿结构（Mimetic）

装饰会有意模仿或"伪装"成结构的造型要素，西方古建筑中的"壁柱"和"檐口托饰"都是来自对过去结构的模仿。

在18～20世纪的建筑理论当中，"模仿"涉及"结构真实性"和"材料真实性"问题，受到了很多批判。但"模仿"并非一无是处，而是具有一些精神上的功能，例如：模仿对再现和虚构有很大的用途，模仿在室内空间的营造当中能够起到形成视觉框架的作用，比如石窟中会出现仿建筑构件的装饰，这就是人们利用视觉习惯来建立视觉框架。在《营造法式》中也有一些模仿性装饰，这些模仿性装饰就用在木构建筑上面，

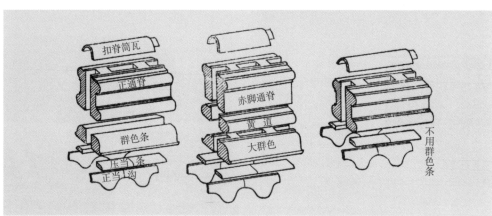

图42 唐－五台山佛光寺东大殿正脊（贾玥摄）

图43 宋－《瑞鹤图》中的宣德楼正脊（赵佶绘，辽宁博物馆藏）

图44 清－北京故宫熙和门正脊（李路珂摄）

图45 清－琉璃正脊预制件的组合方式（刘大可著，《中国古建筑瓦石营法》图5-56）

比如在"丹粉刷饰"制度中出现的"影作华脚"和"七朱八白"两种纹饰（图46），"影作华脚"的形式是人字形斗拱的造型，在人字形的顶部有一朵莲花托着一朵小斗，额枋上的"七朱八白"其实上下有两条额枋，但实际上它并不是通过结构形式来实现，而是运用涂色的方式来实现，北齐天龙山石窟第16窟还保留了十分清晰的人字形拱构件（图47），人字形拱也广泛出现于唐代建筑中（图48）。图42的人字形拱上产生自由翻卷的花瓣形式，也是因为其不再具有结构作用，它顶部的斗也不需要再承托顶上的枋子，于是各个部件也变得更加装饰化。

在《营造法式》的额端彩画里，还有一种类型叫"如意头角叶"（图49），如意头角叶模仿了木结构交接节点的金属部件，后来还发展成清式和玺彩画的一种构图（图50）。"如意头角叶"这种形式在建筑彩画产生之前，其实就广泛应用在木结构节点的金属加固件上面，金属加固件在春秋时期的文献里面就有记载，叫作"金钉"（图51），也有建筑史家研究了金钉可能安装的位置（图52），还可以在清代彩画以及清代门窗的金属包镶中看到这样的轮廓形式（图53、图54）。

4. 装饰混淆结构（Confuse）

即装饰故意掩盖结构，使人对结构和空间产生截然不同的幻觉。古人比较成功的装饰混淆结构的做法是清式彩画里面的"包袱彩画"，"包袱彩画"吸取了西洋的透视画法，在晚清非常流行。北京颐和园景福阁室内彩画虽然是更晚的作品（图55），也可以当作一个很好的例子：梁枋结构本身是有很强烈的横向线条，但是由于包袱的存在，观者可能不再去关注强烈的横向线条，这些不同的梁枋组织起来，中间好像打开了一扇有深度的窗，观者从这个窗口看出去便好像看到非常广阔的外部空间，这种装饰手法使得室内空间有一种向外延展的视觉效果。

图46｜图47
图48｜图49｜图50

图46　宋－《营造法式》彩画－丹粉刷饰柱额片段（李路珂著，《〈营造法式〉彩画研究》）

图47　北齐－天龙山石窟16窟（李路珂摄）

图48　唐－大明宫含元殿立面复原设计图（傅熹年绘）

图49　宋－《营造法式》彩画－如意头角叶（李路珂著，《〈营造法式〉彩画研究》）

图50　和玺彩画

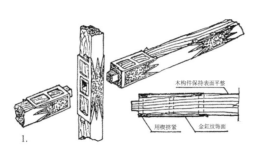
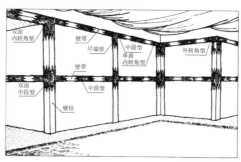

图51　金釭

图52　金釭可能安装位置示意图（《杨鸿勋建筑考古论文集》）

图53　北京故宫乾清宫槅扇

图54　北京故宫交泰殿槅扇局部

图55　北京颐和园景福阁室内彩画（《中国建筑艺术全集》图24-188）

图56　河北遵化定东陵隆恩殿内景（《中国建筑艺术全集》图24-186）

图51	图52
图53	图54
图55	图56

　　还有一些其他类型的装饰也是不表达结构的，比如河北遵化定东陵隆恩殿内景（图56），这是慈禧太后的陵墓，反映了慈禧的个人喜好，它的梁枋彩画分成了许多方形小段，每个小段画了一个不同的纹样，有的是龙、有的是锦文，梁枋看起来好像也不再是一个沉重的结构体，它被分解成一些漂浮的段落，所以也让人对这种结构产生了一种错觉。

　　宋代彩画也有一部分和结构本体无关，特别突出自身形状轮廓，比如河南禹县白沙宋墓M1前室彩画（图57），大部分人都很难辨认出这幅照片里的彩画装饰的对象实际是三组斗拱（外转角斗拱、内转角斗拱、柱头斗拱），可能观者关注的都是彩画中单独的纹样以及突出的轮廓，彩画本身的纹样轮廓已经远远超出了构件本身的轮廓，从而形成了主体，这样的彩画类型其实广泛流行于宋代。白沙宋墓是一个民间的墓葬，但在《营造法式》的规定里也有类似的做法，比如《营造法式》就规定最高等级的柱

图 57　宋 - 河南禹县白沙宋墓
M1 - 前室彩画 (《白沙宋墓》)

图 58　青绿叠晕棱间装柱子彩
画 (李路珂著,《〈营造法式〉
彩画研究》)

图 57　｜　图 58

第一號墓前室西北隅鋪作

子彩画上面要画 "团科" (图 58), 而且 "团科" 要和底色有非常强烈的色彩对比, 在其周围还要画非常多的叠晕, 从而形成很强烈的突出的视觉效果。

三、榆林窟西夏后期石窟装饰与木构建筑装饰的关系

1. 敦煌西夏洞窟与中原文化的关系

敦煌的西夏洞窟和中原文化之间有着非常密切的联系。西夏是公元 11 世纪初, 以党项族为主体在中国西北地区建立的政权, 占据甘肃、宁夏大部, 以及陕西、内蒙古、青海的部分, 横跨丝绸之路。党项族自 7 世纪初经唐允许逐步从青藏高原东北部迁徙到今陕北和河套一带, 与汉族相濡杂处, 而党项贵族虽为藩镇势力, 形式上却是唐、五代及宋朝的地方官员, 公私文书尽用汉字。《宋史》有记载:"设官之别, 多与宋同, 朝贺之仪, 杂用唐宋, 而乐之器与曲, 则唐也。"牛达生先生在一篇文章里说:"唐宋文化对于西夏的影响, 广泛而深入地渗透到西夏政治经济、民族宗教、社会生活、物质文化等领域。"

西夏的建筑遗物甚少, 仅宁夏地区的西夏王陵和几座佛塔为西夏原建, 其建筑形制, 以及出土的石雕、琉璃构件从多方面显示了西夏建筑对中原王朝的模仿, 并在某种程度上有着自身的特色。西夏建筑关于色彩的信息则在敦煌周边的石窟中保存下来。敦煌地处丝绸之路的要冲, 历来是多民族、多政权交叉的状况, 因此, 西夏在占据敦煌的这段时间 (1036—1227 年), 采取了较为宽松、既牵制又笼络的"羁縻政策", 允许在敦煌地区与宋、辽、金进行贸易, 并允许其与回鹘、于阗等西部少数民族政权密切往来。所以从西夏的洞窟中可以看到非常强烈的多元文化融合的特点, 出现了融合不同文化特征的图像。此处主要分享的是西夏洞窟装饰与汉文化中以《营造法式》为

中心的装饰系统之间的关系。榆林窟位于甘肃省瓜州县（原名安西县），距离敦煌莫高窟不远，属于敦煌研究院管辖。

根据刘玉权先生的研究，敦煌西夏洞窟可以分为前期和后期，前期为1036—1139年前后，后期为1140—1227年。西夏前期洞窟"大都是利用前代旧式加以修改，石洞窟形制上很少西夏时代的特点"，壁画和塑像的内容，也基本承袭归义军曹氏时期程序化的风格。如西夏前期纪年洞窟，莫高窟第65窟，始建于唐代，西夏重修后室，其大多数壁画"从题材内容到表现技法与艺术风格，都酷似北宋曹家晚期窟，要不是有西夏文题记，实在很难将其判断为西夏壁画"。而西夏后期石窟则显现出多元文化融合的特点，不但出现了北宋中原地区的新样式，也出现了许多藏传佛教，甚至尼泊尔、印度的新题材。这一时期的洞窟，在同一窟甚至同一壁面中，会同时出现显、密两宗的内容，甚至同时出现汉、藏两种造型风格的人物形象。

对西夏洞窟的研究大部分是由宗教学者和艺术学者来进行，但对石窟装饰纹样研究薄弱，认为其是附加性的次要内容，榆林窟西夏后期的第2、3、10窟藻井和壁画边饰，将一些与《营造法式》极为相近的宋式纹样，与南北朝以来盛行的联珠纹，以及藏传佛教装饰纹样，如吐蕃藏密坛城图、八叶莲花九尊像、行云卷涡纹等结合在一起。其中第2窟和第3窟的边饰更有特色：窟内四壁各横向分作三段，段内作经变等，每两铺经变之间的边饰明显地模仿了柱子彩画的做法，其与《营造法式》关于柱额彩画之规定的吻合程度，甚至超过了内地民间的木构实例。

从敦煌莫高窟及榆林窟保存的西夏绘画和装饰看来，其色彩和纹样除了一部分来自西域的题材之外，还有许多直接受宋代中原影响的痕迹，其中某些纹样，以及模仿了柱、橼、连檐彩画装饰的作法，与《营造法式》中的规定相吻合。从榆林窟第3窟（图59）中可以看到，墙壁每一面被分成三格，每一格里面都画了相应的宗教图像，有九塔变、曼陀罗坛城、观音像等，但是可以看出两幅壁画之间的边饰是在模仿地面建筑的柱子，不仅模仿了位置，也模仿了柱子的形式和装饰，使其看起来就好像是一座地面的木结构建筑，柱子承托着屋顶，最上面是一层层退进的藻井，用了一层层横向带状的边饰来模仿，木结构建筑的藻井就是通过层层退进的方式来构建的（参见图34～图37）。实际上，石窟建筑的藻井并没有木结构建筑这样的结构层，它是整个从岩体中

图 59　榆林窟西夏第 3 窟内景
（引自"数字敦煌"）

开凿出来，中间顶部升高，叫作"覆斗顶"。藻井中央是用白色边饰分割开来的曼陀罗坛城图像，看起来好像曼陀罗坛城图像在往上升腾，但在实际空间中，绘有曼陀罗坛城图像的顶面和下面的空间并没有那么大的高度差。在柱子和顶面之间还有一个不那么明显的横向分界线，但是由于装饰的使用，会界定出一个非常清晰的边界，其装饰有一圈坐佛，在坐佛下面有一层莲瓣，这一层又装饰了卷草纹和动物纹样，在动物纹样下面有一层像璎珞垂幔的装饰。璎珞垂幔的装饰并不是模仿了固定的建筑构件，而是模仿建筑中的一些临时包裹的软装饰，但同样它也是非常生动地再现了一个建筑空间的内部景象。

2. 榆林窟第2窟的装饰

以下是榆林窟的外景图（图60、图61），由图可以看出榆林窟在一个山谷中，分成上下两层，第2、3、10窟这三个西夏后期的石窟均在上层（图62）。

榆林窟第2窟属于西夏后期开凿的石窟（图63、图64），为覆斗形顶，设中心佛坛。主室窟顶画盘龙井心，四周作边饰若干，璎珞垂幔铺于四坡，下画千佛二排，千佛之下，坡面转折为四壁。四壁顶部又作边饰和第二重垂幔，垂幔之下作经变图、说法图、千佛等，其中南壁、北壁的壁面各用边饰分为三段。

榆林窟第2窟的装饰纹样，并未画出斗拱之类木结构特征强烈的构件，因此目前所见的著作并未把它判断为"仿木结构"样式，但是各种边饰的运用对于主室空间逻辑的界定（例如空间元素的开始与结束、转折与连接等）起到了关键性的作用，而这种"空间逻辑"则完全是木构建筑的。覆斗式石窟的空间界面，由平整的墙面、顶面和地面组成，没有一般建筑的"构造节点"。因此，观者在室内的空间感受，除了壁画的色调和内容以外，在很大程度上取决于装饰纹样对"面"的交界线的定义，以及装饰纹

图60 ｜ 图61

图62

图60 榆林窟外景之一（李路珂2005年摄）

图61 榆林窟外景之二（李路珂2017年摄）

图62 榆林窟东崖总平面图（《中国石窟：安西榆林窟》图2）

— 上层窟
— 下层窟

图63　榆林窟西夏第2窟覆斗型窟顶

图64　榆林窟西夏第2窟

图63 ｜ 图64

样对于"面"的分割。因此，在没有"构造节点"的石室空间中，装饰纹样对于建筑空间的影响是决定性的。在榆林窟第2窟的装饰中，我们可以找到许多定义和分割空间的娴熟手法，其中许多手法体现了木构建筑的空间逻辑。在壁面顶部与四坡面的交界处，有菱格边饰一道（与《营造法式》中的"方胜锦"相同），边饰下方又画一排顶点朝下的三角形饰（与《营造法式》中用于连檐的"三角柿蒂"相同）。菱格边饰是上下对称的，因此在竖直方向的视觉感受相当稳定，为"墙"和"屋顶"的分界处提供了一个视觉停留的位置。而三角形饰则有着强烈的指向性，和紧接的垂幔边饰相结合，给人以"下垂"的错觉，因此进一步明确了"墙面"的垂直属性。这道边饰从位置上看，相当于木构建筑中的"连檐"，而其装饰纹样，也与《营造法式》中规定的"连檐"纹样相符，因此可以视作装饰纹样对"连檐"的模仿（图65）。

在清式建筑中，檐部的色彩对比是最强烈的（图66），在大连檐和瓦件之间有非常强烈的彩度对比，瓦件是灰色的，连檐是红色的，在连檐和下面的飞檐斗拱之间又有非常强烈的色相对比和红绿互补色对比，这三组部件之间又由于形体的进退而产生了非常强烈的光影效果，因此也可以对空间形体形成进一步的界定。

在壁面与壁面的交界处，以及壁面之内各铺经变画的分界处，均作竖向边饰，将壁面分割成三"间"。从这几道竖向边饰的位置上看，相当于木构建筑中的"柱"，而其装饰纹样，也与《营造法式》中规定的柱子纹样吻合，因此可以视作装饰纹样对"柱"的模仿。这些柱状边饰宽约10cm，明确地分为"柱头""柱身"和"柱脚"三段，南北壁的比例略有差异。南壁"柱头"高约30cm，在深朱地（或赭地）上画团科。北壁"柱头"高约60cm，在浅色地上画团科。"团科"轮廓为圆形，留一圈白缘道，心内用红、绿、青间装，画莲瓣，团科四周加描一圈浅色（北壁浅色地，则加描白色），与《营造法式》制度和图样中的"五彩装净地锦"相近（图10）。"柱头"下沿，作红、绿、黄、白晕子四道（北壁有一处只作红、绿、白三道）。"柱身"用红、绿、黑相间，画"鱼鳞旗脚"纹样，与《营造法式》图样中的"鱼鳞旗脚"相近。"柱脚"部位已经漫漶不清，隐约可见纹样轮廓，也是"鱼鳞旗脚"。"柱脚"的高度约为40cm，"柱脚"之上，作黑、绿、白晕子三道，与"柱身"隔开。由于"柱脚"部位漫漶不清，因此无法确定是否有"柱櫍"的画法（图67）。

《营造法式》"五彩遍装"所规定的柱子彩画做法，是将柱子彩画分为柱头、柱身、柱脚、柱槛四段。柱头部位作"细锦"或"琐文"；柱脚，即柱槛以上的部位，"亦作细锦，与柱头相应"；"细锦"上下，"作青、红或绿叠晕一道"；柱槛作"青瓣或红瓣叠晕莲华"；柱身作"海石榴等华"，华文内可间以"飞凤之类"，或"四入瓣科、四出尖科"。在榆林窟第2窟的边饰中，除了"柱槛"部位漫漶不可辨认之外，其他做法均在不同程度上与《营造法式》相符，这样的例子目前还未在别处见到。在柱状边饰的两侧，作黑色边框，外留白缘道，宽度与柱状边饰相等。北壁柱状边饰和黑色边框之间，还留出赭色缘道，视觉效果没有大的变化。从位置上看，这道边饰相当于木构建筑中柱子两侧、门窗周围的"槫柱"或"立颊"。由于这条边饰使用黑色，产生在视觉上后退的错觉，恰好符合"槫柱"或"立颊"后退于柱子的视觉感受。我们看到，古人对装饰的模仿不仅是模仿了它的内部元素，还模仿了不同元素和构件之间的关系。

再来看一下藻井纹样，榆林窟第2窟的窟顶为覆斗式四坡顶（图63），由于几何特征的特殊性，窟顶装饰的方法和木构建筑有很大的不同。其基本方法是在四个坡面上用水平方向的十余重边饰加强层次感和纵深感，在顶心用具有旋转感的盘龙纹样强调"中心"和"上升"的视觉感受。窟顶的总体色调以赭、绿、白为主，少用青色和红色，可能与西夏民族对绿色的喜好以及朱砂颜料来源不足有关。顶心的盘龙纹样，龙体遒劲多鳞，与《营造法式》石作制度图样中的盘龙大致相符（图68），盘龙四周作一圈锐角多层叠晕纹样，有着强烈的动感。此纹样未见于《营造法式》，但与辽代彩画中的"网目纹"结构相似（图69），可能是流行于北方少数民族的纹样。

窟顶四坡顺次排列边饰十余层（图63、图70）。这些边饰中与《营造法式》基本相符的，有"香印""双钥匙头""净地锦团科"和"三角柿蒂"。

还有一些边饰的结构骨架与《营造法式》相符，但纹样单元有所变通，如"白地枝条华"（枝条毕现，华叶似牡丹，华头似牡丹和莲荷），"梭身合晕"（梭状团花，一整二破式构图），"方胜"（采用了"方胜"的菱形骨架，内填梭状团花）。另有一些边饰未见于《营造法式》记载，如"垂幔纹"直接仿自檐口垂挂的织物，自然不在《营造法

图65 | 图66 | 图67

图65 榆林窟西夏第2窟边饰-仿柱子彩画分析图（李路珂著，《〈营造法式〉彩画研究》）

图66 清式建筑中檐部色彩

图67 榆林窟西夏第2窟边饰

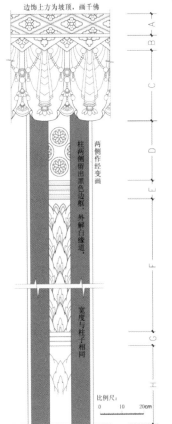

藻井顶心画盘龙

垂幔下方画千佛 二排

千佛之下为四壁，又作边饰及垂幔

式》对于木构件装饰的记载之列。再如"联珠纹"，直接承袭自隋唐，在敦煌隋以后的洞窟中十分常见，但未见于《营造法式》。由于联珠纹是一种十分简单的纹样，而《营造法式》又倾向于记载复杂和豪华的纹样做法，有些简单做法的纹样，虽然可能也是北宋京城的流行样式，《营造法式》却不予收录。榆林窟第2窟藻井的装饰，大体上采用了《营造法式》所记载的宋式纹样，但在装饰纹样的运用方面，则充分体现了石窟空间的特殊性。

"双钥匙头"在《营造法式》的曲水纹样里面有所记载（图71），相关的彩画华文在《营造法式》里面也都有记载（图72），《营造法式》中的"单枝条华"也出现在了榆林窟第2窟的壁画边饰中（图73）。

3. 榆林窟第3窟的装饰

榆林窟第3窟，属于西夏后期开凿的石窟，为浅穹窿顶，设八角形中心佛坛。主室窟顶画密宗坛城一铺，四周作边饰若干及千佛一排，边饰之下，画璎珞垂幔，垂幔之下为四壁，用柱状边饰分割，与第2窟相同。穹窿顶和壁面之间转折圆滑，因此柱状边饰的"柱头"部分随壁面弯曲至顶面，而垂幔边饰几乎完全位于顶面上。这样的空间处理方式可以调节观者的空间感受，减少室内空间的压抑感，使天花产生"上升"的错觉。这种手法在敦煌早期较低矮的覆斗形窟内也曾用到，如莫高窟北凉第272窟（图74）。

榆林窟第3窟的柱子装饰使用了《营造法式》里记载的额端装饰的样式（图75-1），在《营造法式》的额端装饰里面使用了如意头角叶，这个在《营造法式》里面是如意头角叶其中的一种，叫作"合蝉燕尾"（图75-1、图75-2），它的端头用了两个破开的如意头形成一个燕尾形，在端头的内部填充了一些卷草纹样，这种构成逻辑和《营造法式》的图样是一致的。

藻井的边饰大部分也可以在《营造法式》中找到来源，比如植物卷草纹，几何状的曲水纹、球纹、卷草纹与动物纹样的组合等，藻井边饰中的动物纹样与《营造法式》有很强烈的关系，将榆林窟第3窟边饰中所有的动物纹样整理出来并与《营造法式》的

图68 《营造法式》的盘龙纹样

图69 辽代彩画中的"网目纹"

图70 榆林窟西夏第2窟藻井边饰-纹样分析（李路珂著，《〈营造法式〉彩画研究》）

图68
图69
图70

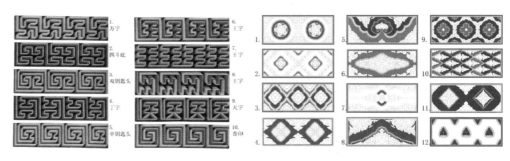

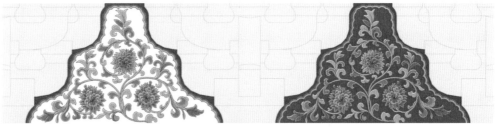

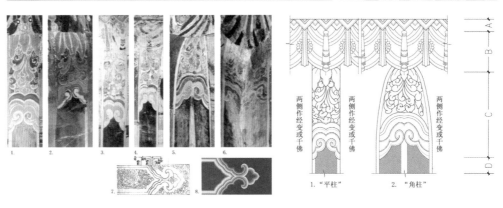

图71 《营造法式》曲水纹样（李路珂著，《〈营造法式〉彩画研究》）

图72 《营造法式》彩画华文纹样、色彩示意（李路珂著，《〈营造法式〉彩画研究》）

图73 营造法式"单枝条华"示意图（李路珂著，《〈营造法式〉彩画研究》）

图74 榆林窟西夏第3窟-顶面与壁面的转折与北凉石窟中的类似手法

图75-1 榆林窟西夏第3窟边饰-仿柱子彩画与《营造法式》之比较（李路珂著，《〈营造法式〉彩画研究》）

图75-2 榆林窟西夏第3窟边饰-仿柱子彩画纹样分析（李路珂著，《〈营造法式〉彩画研究》）

图71	图72
图73	
图74	
图75-1	图75-2

动物纹样作比较（图76），比如龙、迦陵频伽、凤凰、孔雀、象、海马、狮子等在《营造法式》里都有原型。

4. 榆林窟第10窟的装饰

榆林窟第10窟属于西夏后期开凿的石窟，为覆斗形顶（图77），设中心佛坛，但其保存状态不如第2窟和第3窟，四壁壁画几乎残毁殆尽，局部为元代补绘。甬道为平

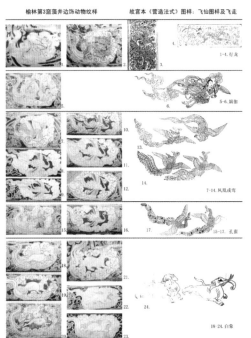
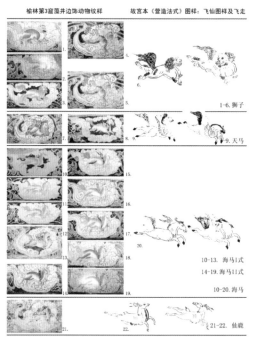

顶，画四斜球纹，中央作双凤纹。主室窟顶画密宗题材 "八叶莲花九尊像"，边饰垂幔铺于四披，四披下沿绘有五佛赴会、飞天、频伽、云纹、华文、宝珠等。

　　榆林窟第 10 窟的壁面毁损严重，后经补绘，因此无从得知其做法。窟型及窟顶边饰构成与第 2 窟大致相同，而工致繁丽程度略胜于第 2 窟。窟顶总体色调以青、绿、赭为主，其中赭色可能是缺少朱砂时用于替代的红色颜料。藻井边饰纹样与《营造法式》基本相符的，有 "天字" "王字" "双钥匙头" "交脚龟文" "四出" "叠晕宝珠" 等，其中 "四出" 比《营造法式》纹样更为繁复，且点缀出焰明珠、兽面等。

该窟垂幔上方"连檐"位置的纹样轮廓，仍是顶点向下的三角形，但纹样形式与第2、3窟有所不同，为连锁排布的"剑环"。"剑环"见于《营造法式》图样中的额端彩画，是"如意头角叶"的一种。在这里，如意头作连锁状排列成边饰，和垂幔一起构成下垂的视觉感受。将如意头连锁排布成边饰，在宋元时期应是常见的做法。例如，《营造法式》小木作图样中的"山华蕉叶"，即以"如意头角叶"中的"合蝉燕尾"进行连锁排布的结果，而这样的边饰又可以用于阑额下方，产生"垂挂"的感觉（图78～图80）。

藻井中有三条卷草边饰，叶片肥大，微露枝条，可算作"枝条卷成华文"。最内侧的一条，在深朱地上用红、绿、青画"枝条卷成莲荷华"，墨笔描道；花内间以凤凰，用墨笔描之于青地或绿地上，以青、绿、红、赭四色装饰，其外用粉线、墨线随动物轮廓描绘，与花叶隔开（图81）。

"枝条卷成华文"，花心作海石榴状，叶片作牡丹状；花内间以凤凰、鹦鹉、练鹊，用墨笔描之于青地或赭地上，其他画法同第一条。最外侧的"枝条卷成华文"，花头作海石榴或宝牙花，叶片作云卷瓣状；间以行龙、狮子、白象、天马于花内，是用墨笔描之于青、绿地上，以浅色拂淡，或以青、绿、红、赭装饰，其他画法同第一条（图82）。

动物纹样的地色，除行龙下方画了些五彩云朵之外，其他动物都只是沿轮廓勾了一圈，而且地色均为深色，与第3窟的效果有较大的不同。各条卷草边饰中，以最外侧的一条绘制最精，其花头样式比《营造法式》更加繁复，与北宋皇陵石刻纹样相近（图83）。

图78 │ 图79

图78 榆林窟西夏第10窟藻井及甬道－顶部纹样

图79 榆林窟西夏第10窟藻井边饰－纹样分析（李路珂著，《〈营造法式〉彩画研究》）

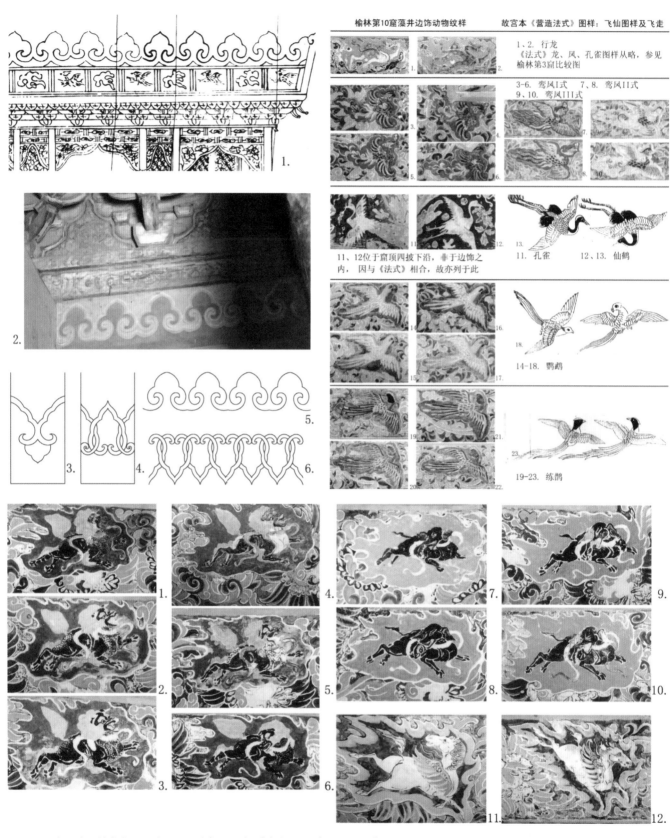

图80 如意纹连锁排布成为边饰的做法（李路珂著,《〈营造法式〉彩画研究》）

图81 榆林窟西夏第10窟藻井边饰－动物纹样与故宫本《营造法式》之比较一（李路珂著,《〈营造法式〉彩画研究》）

图82 榆林窟西夏第10窟藻井边饰－动物纹样与故宫本《营造法式》之比较二（李路珂著,《〈营造法式〉彩画研究》）

图83 榆林窟西夏第10窟藻井边饰－植物纹样与其他纹样（李路珂著，《〈营造法式〉彩画研究》）

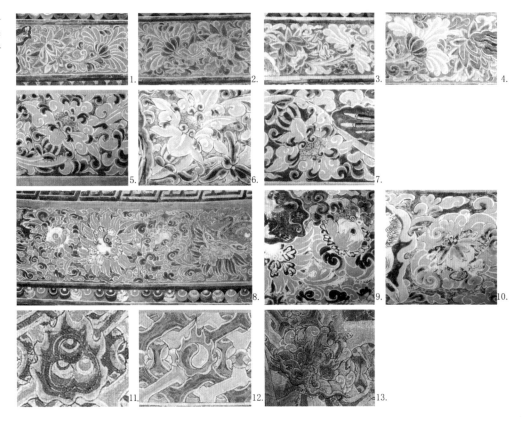

结语

安西榆林窟西夏后期（1140—1227年）的第2、3、10窟装饰纹样保留了较多建筑装饰的特征，也体现了多元文化融合的趋势。在装饰题材方面，不仅出现了来自印度和尼泊尔的题材，而且更多地运用了当时流行于中原的纹样和题材，其中柱头、柱脚饰净地锦、藻井饰卷成华纹、曲水纹等，均与宋《营造法式》的规定相符，而且未见于敦煌前代石窟。形式风格方面，这三个洞窟中丰富的植物纹样、动物纹样与几何纹样也与《营造法式》图版及北宋皇陵石刻有很多的共性，应属于西夏后期从中原引进的新风。榆林窟西夏后期的第2、3、10窟藻井和壁画边饰可以作为敦煌这一时期体现中原新风的代表。

（注：本文根据2021年12月23日敦煌服饰文化研究暨创新设计系列学术讲座第十四期的主要内容整理而成。）

史 容 / Shi Rui

史容，首都师范大学历史学院毕业，师从宁可、郝春文教授。1997 年 7 月起，在国家图书馆善本特藏部供职，2010 年调入北京大学历史学系暨中国古代史研究中心。研究方向：敦煌吐鲁番文献、隋唐五代史、书画鉴藏史、写本时代书籍史。

《西域记》泛海东瀛考
——以最澄《显戒论》为中心

史 睿

导言

日本入唐求法僧，亲炙于玄奘及其弟子，带回《大唐西域记》（图1），见诸中日史籍。学界比较重视日本完整流传的写本、刻本，但是对于日本僧人引用《大唐西域记》及类似西域求法行记的研究尚不多见。本人拟从最澄所著《显戒论》引用的《大唐西域记》入手，分析日本僧人对于此书的阅读与认知，对比唐代的中国与日本两国知识体系中的《大唐西域记》及其功能的差异，并进一步关注日本佛教史上的西域观与印度佛教观。

图1 吐鲁番柏孜克里克石窟出土《大唐西域记》

与本题相关的前期研究中，小野胜年关于空海与西域行记的系列研究给笔者极大启发❶，他从佛教文献学和历史学的角度对于空海搜集的西域行记做了系统的梳理，并对这些西域行记在空海求法和弘法事业的意义作了阐发，这启发笔者以同样的思路看待最澄《显戒论》及其引用的《大唐西域记》。相关研究还有松崎惠水《弘法大师空海在长安》，此文梳理了空海在长安期间与西域罽宾国僧人般若三藏等人的交往，尤其是获赠的新译佛经和梵文原典❷。高田时雄《日本的大唐西域记》为读者廓清了日本《大唐西域记》的流传史❸。大野达之助系统地研究了最澄与南都六宗争取建立大乘戒坛权

---

❶ 小野胜年《空海と西域地方》，《东洋史苑》第24/25号，1985年，89–116页；小野胜年《空海将来の〈悟空入竺记〉とその行程》，《东洋学术研究》第15卷第3号，1976年，33–52页；聂静洁中译本《空海携回日本的〈悟空入竺记〉及悟空行程》，《南亚研究》2010年第1期，147–160页；小野胜年《空海の将来した〈大唐贞元新译十地等经记〉——〈悟空入竺记〉のこと》，《密宗文化》第148号，1984年，48–80页。

❷ 松崎惠水《长安における弘法大师空海》，《密教文化》第149号，1985年，21–34页。空海记载般若有前往日本弘法的意愿，但这一记录是否可信尚难确定。

❸ 高田时雄《日本における大唐西域记》，《图书》第786号，东京：岩波书店，2014年，2–7页。

利的历史过程，尤其是《显戒论》在这一论辩中的意义❶。与之进行相关研究的还有田村晃佑、高佐轩长、阿部龙一等学者❷。关于最澄、空海与天皇的关系，最为重要的研究是渡辺三男《嵯峨天皇与最澄·空海》❸，启发笔者从日本政教关系史的角度看待最澄、空海弘法事业的策略与人际关系网络问题。关于《大唐西域记》及相关行记，中外学者已有非常丰厚的研究成果。荣新江指出丝绸之路上出土的《大唐西域记》主要是旅行指南性质的摘抄本，这是对于此类行记写本功能研究的最佳指南❹。

一、《大唐西域记》在日本的流传与最澄的关系

《续日本纪》卷一云：

〔文武天皇四年（700）〕三月乙未，道照和尚物化……初孝德天皇白雉四年（653）遣使入唐，适遇玄奘三藏，师受业焉。三藏特爱，令住同房……后随使归朝（日本），临诀，三藏以所持舍利、经论咸授和尚，而曰："人能弘道，今以斯文付属。"❺

凝然《三国佛法传通缘起》卷中云：

道昭和尚越海往唐，遇玄奘三藏学法相宗，即当唐朝第三主高宗皇帝永徽四年癸丑，玄奘三藏年五十一，慈恩大师龄二十二。道昭与三藏宿在同房，与慈恩同学，久在门下，受学积年，提诱殷懃，特传观门。于后归朝，即弘所传三藏新翻经论诸典，创传日域，即其人焉。❻

高田据此推测是道昭将玄奘《大唐西域记》传入日本❼。玄奘《大唐西域记》不见存世的日本入唐求法目录，显然是在空海入唐之前早已传入日本，且在奈良朝已经广为流传，所以后来的求法僧不再传写，故不见于求法目录❽。在日本僧人平祚编纂的《法相宗章疏》中，《大唐西域记》归入"大唐祖师所造"一类。在永超集录的《东域传

---

❶ 大野达之助《最澄の大乗戒坛设立について》（一），《驹泽史学》第18号，1971年，1-14页；大野达之助《最澄の大乗戒坛设立について》（二），《驹泽史学》第20号，1973年，18-34页。

❷ 田村晃佑《大乗戒坛独立について》，《印度学佛教学研究》第5卷第2期，1957年，545-548页；高佐轩长《最澄の大乗戒坛について》，《印度学佛教学研究》第38卷第1期，1989年，80-84页；阿部龙一《空海と南都仏教再考》，《印度学佛教学研究》第50卷第1期，2001年，253-249页。

❸ 渡辺三男《嵯峨天皇と最澄·空海》（上篇），《驹泽国文》第26号，1989年，11-31页；《嵯峨天皇と最澄·空海》（下篇），《驹泽国文》第29号，1992年，1-21页。

❹ 荣新江《丝绸之路也是一条"写本之路"》，《文史》2017年第2辑，75-103页。

❺ 《续日本纪》卷一，黑板胜美编辑《新订增补国史大系》，东京：吉川弘文馆，1971年，5-6页；

❻ 凝然《三国佛法传通缘起》卷中，高楠顺次郎、望月信亨主编《大日本佛教全书》第101册，1932年，112-113页。

❼ 参考高田时雄《日本における大唐西域记》，2页。

❽ 王勇《八世纪的"书籍之路"——以第十二次遣唐使为例》，"从丝绸之路到书籍之路——中亚与东亚之间的商业、艺术与书籍网络"国际学术研讨会，2018年9月21-23日，待刊。

灯目录》中，与玄奘《大唐西域记》同时著录的还有《西域传音义》一卷、《西域记私记音义》《慈恩传解节记》四卷（护命）、同记三卷（不知谁作，贞隆书）、同勘合一卷等书。这些与《大唐西域记》相关的著作有些是日本僧人所作，例如《慈恩传解节记》即与最澄同时代的僧统护命所撰，值得重视，可以用于考察日本僧人接受《大唐西域记》的诸问题。

《大唐西域记》最初由法相宗僧人传入日本，在弘传法相宗的奈良七大寺及各地国分寺中流传，到了奈良朝末期至平安朝初期，关注《大唐西域记》及相关西域行记者又加入了修习唐密的僧人。学习唐密较早的日本入唐求法僧有唐开元年间追随善无畏的道慈，"道慈在唐十八年间普学大唐所有诸宗。善无畏三藏开元四年丙辰来唐，道慈在唐具经三年，其间道慈随善无畏习学真言。"❶其后空海、最澄、圆珍、圆仁等入唐求法僧都曾学习唐密，尤以空海造诣最深。

空海、最澄在入唐之前都熟读《大唐西域记》，关于空海的阅读经历已见于小野胜年的研究，兹不赘述❷。最澄在入唐求法之前已经读过《大唐西域记》，当延历二十四年桓武天皇派遣最澄为求法僧前往大唐时，他向天皇提出增派自己的弟子义真为译语人。关于此次行程的分析，他是以玄奘为比较对象的。其《请求法译语表》云：

> 最澄闻：秦国罗什，度流沙而求法，唐朝玄奘，逾葱岭以寻师，并皆不限年数，得业为期，是以习方言于西域，传法藏于东土。❸

而最澄遣唐的任务则与玄奘不同，期限较短，而且不便借用遣唐使团配备的官方译语人，所以特别提出偕自己的弟子义真为译语人，兼学天台教法，这个建议为桓武天皇所允。通过上表所及的"玄奘逾葱岭而寻师""不限年数，得业为期""习方言于西域，传法藏于东土"可知最澄熟稔玄奘西域求法史事，并且将自己的入唐求法事业与之相提并论。最澄入唐求法大概是以玄奘西域求法为榜样的，并且受到玄奘事迹的鼓舞。

最澄早期阅读玄奘《大唐西域记》的经历可以与其所在寺院联系起来。最澄在近江国分寺出家，在东大寺受戒，后住大安寺，与最澄同往大唐求法的弟子义真也原本是奈良大安寺僧人❹。南都六宗七大寺中，元兴寺和兴福寺是弘传法相宗最为重要的两座寺庙。此外，东大寺、大安寺、药师寺、西大寺、法隆寺等寺都兼传法相宗❺。《三国佛法传通缘起》卷中云："东大寺本愿良辨僧正者，虽建东大寺专弘华严宗，而元随义渊僧正学法相宗，故东大寺兼弘法相。良辨弟子或有华严法相兼学，如安宽律师、标琼律师、镜忍律师等。或有唯华严宗，如良兴小僧都、良慧大僧都、永兴律师等。三

---

❶ 凝然《三国佛法传通缘起》卷中，《大日本佛教全书》第101册，110页。

❷ 小野胜年《空海と西域地方》，89-116页。

❸ 仁忠《叡山大师传》，比叡山专修院附属叡山学院编纂《传教大师全集》卷五，东京：世界圣典刊行协会，1998年，附录13页。

❹ 凝然《三国佛法传通缘起》卷下云："有义真和尚元是大安寺，与传教师同住彼寺，与传教同入唐，同时学法，俱归本朝同兴叡山，为叡峰第一座首。"（《大日本佛教全书》第101册，128页）。

❺ 凝然《三国佛法传通缘起》卷中："然法相宗虽兴福寺根本所学，而诸寺多学，无不弘敷。"（《大日本佛教全书》第101册，113页）。

修律师、平仁已讲、明一大德、义济已讲、法藏僧都、圆艺已讲等，并是东大寺法相宗也。"❶ 大安寺也兼弘法相宗："道慈律师入唐学法归朝之时，最初讲慈恩七卷章。自尔已来法相余风大扇彼寺。"❷ 所谓"彼寺"，就是大安寺。《三国佛法传通缘起》卷中云："道慈第四十二代圣主文武天皇御宇大宝元年辛丑越海入唐，总传六宗，三论为本。在唐学法一十八年，第四十四代元正天皇御宇养老二年戊午道慈归朝。此年迁都于奈良经十一年，道慈于唐赍西明寺图样而来，即奉敕诏迁古京本大安寺于奈良京，任西明寺图样华构周备，即于彼寺弘在唐所学宗三论为本，兼弘法相真言等宗。"❸ 奈良朝修习法相宗的僧人，大多是要读《大唐西域记》的，在《大唐内典录》中，玄奘所译诸经之末就是《大唐西域记》，可见此书与法相的弘法事业有着密不可分的关联，这种关联也随着法相宗的东传来到日本。

东大寺（图2）有奈良朝天平（729—749年）至天平胜宝年（749—757年）间传写和出借《大唐西域记》的记录，见于正仓院文书，且往往与《大慈恩寺三藏法师传》或法相宗重要经论同时缮写。早在奈良时代日本就有缮写一切经分发至各地国分寺的制度，而写经所就设在奈良东大寺。最澄出家的近江国分寺距奈良不远，故其寺必有非常完整的一切经，也包括入藏的《大唐西域记》。值得注意的是，《大唐西域记》在《大唐内典录》中的书名记作《大唐西域传》，当时依据《内典录》缮写的诸经藏中，一定会沿用这个书名。在最澄《显戒论》中引用此书时，即写作《大唐西域传》而非《大唐西域记》❹，或许可以说明最澄所用之本是最早依照《大唐内典录》缮写的经本。道宣编纂《大唐内典录》是以西明寺经藏所藏经典为基础的，此寺又曾是玄奘译场，所以最澄所读极有可能是日本传写自西明寺经藏的文本❺。延历（782—806年）中，最澄发愿为比叡山一乘止观院缮写一切经，得到南都七大寺的支持，尤其是鉴真弟子道忠的支持，最后完成了二千余卷的规模，大约为《开元释教录》经卷数量的一半，其中包括"贤圣集"，推测其中也有《大唐西域记》❻。

---

❶ 凝然《三国佛法传通缘起》卷中，《大日本佛教全书》第101册，113、114页。

❷ 凝然《三国佛法传通缘起》卷中，《大日本佛教全书》第101册，114页。

❸ 凝然《三国佛法传通缘起》卷中，《大日本佛教全书》第101册，110页。

❹ 最澄《显戒论》卷上，《传教大师全集》卷一，37页。又道世《法苑珠林》卷一〇〇传记篇亦作《大唐西域传》（周叔迦、苏晋仁校注《法苑珠林校注》，北京：中华书局，2003年，2884页），此书高宗总章元年（668年）成书。

❺ 按：智昇《开元释教录》作《大唐西域记》，而据《开元释教录》传入日本的开元一切经是玄昉带回的，时间为天平七年（735年），此后光明皇后命写经所抄写（736—740年），即光明皇后愿经（又称五月一日经），故今所见日本正仓院文书中所涉及的《大唐西域记》皆作"记"而非"传"，由此可以推测最澄所用的《大唐西域传》当是早于玄昉传入日本的。天平胜宝四年所刻奈良药师寺佛足石铭文也作《大唐西域传》。见三田觉之《古代日本仏教美術におけるインド仏跡の造形の受容について——〈大唐西域記〉を手掛かりに》，肥田路美责任编集《アジア仏教美術論集》（東アジアⅡ），东京：中央公论美术出版，2019年，580-597页。

❻ 仁忠《叡山大师传》，《传教大师全集》卷五，附录7页。最澄所写一切经即"止观院经藏"，《山门堂舍记》"根本经藏"条云："葺桧皮五间一面经藏一宇。一切经律论、贤圣集，并唐本天台宗章疏、新写经、传记、外典，传教大师生平资具，八幡给紫衣等安置之。右经论，大师所书写也。又大安寺沙门闻寂、招提寺僧道慈（慈当作忠）殊成随喜，书写经论二千余卷，部帙满，设万僧斋会以供养之。今所安置经论藏是也。"参考佐伯有清《伝教大师伝の研究》，东京：吉川弘文馆，2013年，227-229页。

图 2　日本奈良东大寺

二、最澄、空海求法的经历及其与《西域记》的关联

最澄与空海（图 3）一同随第 16 次遣唐使前往中国，空海与遣唐大使乘第一船，最澄与副使乘第二船，由于海上风浪，两船失散，第一船漂至福州登陆，而第二船则按照原定计划在明州登陆。唐代明州是日本使节登陆的官方规定港口，而福州则向来少有日本使节到来。明州登陆的副使顺利上岸，并前往长安，先期到达；而大使则在福州滞留数月才去往长安，空海跟随大使进入长安，而最澄则径往台州、越州一带求法。

空海在长安曾亲见来自西域的僧人般若，并获赠其新译经典及梵夹。

《御请来目录》（图 4）载：

《新译华严经》一部四十卷（六百一十二纸）

《大乘理趣六波罗蜜经》一部十卷（一百六十纸）

《守护国界主陀罗尼经》一部十卷

《造塔延命功德经》一卷

右四部六十一卷般若三藏译

梵夹三口

右般若三藏告曰：吾生缘罽宾国也，少年入道，经历五天，常誓传灯，来游此间。今欲乘桴东海，无缘志愿不遂。我所译《新华严》《六波罗蜜经》及斯梵夹，将去供养，伏愿结缘彼国，拔济元元。恐繁，不一二❶。

空海《请共本国使归启》云：

着草履历城中，幸遇中天竺国般若三藏及内供奉惠果大阿阇梨，膝步接足，仰彼

---

❶ 祖风宣扬会编《弘法大师全集》卷一，东京：吉川弘文馆，1966 年，84、101 页。

图3 最澄（左）、空海（右）
画像图

图4 空海《御请来目录》

| 图3 | 图4 |

甘露❶。

　　空海所遇还有印度僧人牟尼室利，其人曾与般若共同翻译《守护国界主陀罗尼经》和《造塔延命功德经》，空海《秘密曼陀罗教付法传》卷一云：

　　贫道大唐贞元二十二年，于长安醴泉寺闻般若三藏及牟尼室利三藏，南天婆罗门等说，是龙智阿阇梨，今见在南天竺国传授秘密法等，云云❷。

　　与空海相似，圆珍也是在福州登陆，他曾在福州开元寺停留，遇到了中印度那烂陀寺僧人般若怛罗，从之学习悉昙学，受金刚界、胎藏界之印，接受赠送的梵夹。空海所得重要的西域行记则有《大唐贞元新译十地等经记》，此即《悟空入竺记》的摘抄本。
　　空海直接向国师惠果学习密教，惠果是开元三大士之一不空的弟子。故空海所得长安地区密教经典最全，且因为结识参与译经的西域高僧般若和印度高僧牟尼室利，故能获得新译佛典❸，返国之际，经过越州等地，也搜集了一批重要内外典籍。相比之下，最澄求法仅限于越州、台州、明州地区，这个地区虽是天台宗的核心地带，但与长安则远不能比，除天台之外的诸宗教典不够齐全，德宗朝新译佛典也还未能传入此地❹。南都僧纲说最澄求法于大唐边州，显然言过其实，但所得典籍不如空海之高之全则确有其事。最澄在唐求法期间，值遇越州龙兴寺顺晓和尚、明州开元寺灵光和尚，追随他们学习唐密，在越州写得《西国付法记》一卷、《西域大师论》一卷等❺，皆为密宗付法传或祖师传一类的文献，其中必定会涉及西域传法的历史，也要学习梵文或胡语。

---

❶ 空海《发挥性灵集》卷五，渡边照宏、宫坂友胜校注《三教指归性灵集》，东京：岩波书店，1965年，277页。
❷《弘法大师全集》卷一，9、10页。按：贞元二十二年是二十一年的误写。
❸ 空海《御请来目录》之"新译经"部分，《弘法大师全集》卷一，72-85页。
❹ 究其原因，一则密宗经典多为秘传，途径受限，二则空海、最澄至江南诸寺时距德宗朝新译佛典时间很近，其经尚未传入。
❺ 最澄《传教大师将来越州录》，《传教大师将来目录》，《传教大师全集》卷四，377、379页。

返回日本之后，最澄与空海多有往还，最澄向空海行弟子礼，学习密教。最澄多次向空海借阅唐土新得经典，其向空海借书的信件（图5），涉及《悟空入竺记》以及有关密宗祖师不空与唐朝皇帝往还的文献集《不空三藏表制集》❶。最澄《显戒论》也曾引用《不空三藏表制集》关于度僧受戒的内容。

图5 最澄《久隔帖》

和最澄、空海入唐时间非常相近，日本有一位求法僧金刚三昧曾路经唐土去往印度。段成式曾在成都亲见金刚三昧，其《酉阳杂俎》云："倭国僧金刚三昧、蜀僧广升峨嵋县与邑人，约游峨嵋，同雇一夫……时元和十三年（818）。"❷又云："国初，僧玄奘往五印取经，西域敬之。成式见倭国僧金刚三昧言，尝至中天，寺中多画玄奘麻履及匙箸，以彩云乘之，盖西域所无者。每斋日，辄膜拜焉。又言，那兰陀寺僧食堂中，热际有巨蝇数万，至僧上堂时，悉自飞集于庭树。"❸可以考知此日本僧人金刚三昧最晚也是元和十三年回到唐土的，据此推算，他从日本出发的时间与空海、最澄入唐时间比较相近，如果是搭乘遣唐使船来唐，则极有可能是元和元年（810年）入唐的高阶远成遣唐使团❹。其到达中印度那烂陀寺，显然是阅读过《大唐西域记》，追随玄奘之踪而往，在那烂陀寺中，金刚三昧对于玄奘遗迹也十分关注，例如寺院有关玄奘的壁画，僧众每次斋日礼拜玄奘遗迹壁画的习俗，等等，并且回到唐土还非常乐于向中原士大夫讲述西域见闻。金刚三昧的名字也是梵语音译，应是在印度所取的名字。

三、《显戒论》撰述的背景与目的

最澄撰述《显戒论》之前，平安时代初期桓武天皇在位时，日本朝廷多次对教团和僧人加以整肃：

---

❶ 最澄借阅《十力经》（经前附《大唐贞元新译十地等经记》）见最澄致智泉书札，《传教大师全集》卷五《传教大师消息》，451页。最澄借阅《大唐大兴善寺大辩正大广智三藏表答碑》见最澄致空海书札，《传教大师消息》，453页。参考小野胜年《空海の将来した〈大唐贞元新译十地等经记〉》，50页。《大唐大兴善寺大辩正大广智三藏表答碑》六卷，见空海《御请来目录》（《弘法大师全集》卷一，93页），参考木内央《传教大师と不空表制集》，《印度学仏教学研究》第15卷第1号，1966年，138-139页；木内央《传教大师の密教相承と不空三藏》，《印度学仏教学研究》第17卷第1号，1968年，247-249页；木内央《传教大师に及ぼした不空三藏の影响》，《印度学仏教学研究》第18卷第1号，1969年，230-232页。
❷ 段成式《酉阳杂俎》续集卷二《支诺皋》中，213页。
❸ 段成式《酉阳杂俎》卷三《贝编》，38页。
❹ 参考山田佳雅里《遣唐判官高阶远成の入唐》，《密教文化》第219号，2007年，73-102、141页；西本昌弘《迎空海使としての遣唐判官高阶远成》，《关西大学文学论集》第57卷第4号，2008年，39-60页。

〔桓武天皇〕延历十四年四月庚申敕，去延历四年制：僧尼等多乖法旨，或私定檀越，出入闾巷，或诬称佛验，诖误愚民，如此之类，摈出外国而未有遵悛，违犯弥众。夫落发逊俗，本为修道，而浮滥如此，还破佛教，非徒污秽法门，实亦紊乱国典。僧纲率而正之，谁敢不从。宜重教喻，不得更然❶。

〔延历〕十七年四月乙丑敕：云云，又沙门之行，护持戒律，苟乖此道，岂曰佛子。而今不崇胜业，或事生产，周旋闾里，无异编户。众庶以之轻愕，圣教由其陵替。非只渎乱真谛，固亦违犯国典。自今以后，如此之辈，不得诸寺，并充供养。凡厥斋会，勿关法筵。三纲知不纠者，与同罪❷。

〔同年〕七月乙亥敕：平城旧都，元来多寺，僧尼猥多，滥行屡闻。宜令正五位下右京大夫兼大和守藤原朝臣园人便加检察❸。

除了命令教团领袖和官吏对僧人加以整肃之外，桓武天皇还对年分度僧制度也做了调整：

十七年四月乙丑敕：年分度者，例取幼童，颇习二经之音，未阅三乘之趣，苟避课役，才忝缁徒，还弃戒珠，顿废学业，尔乃形似入道，行同在家。郑璞成嫌，斋竽相滥。言念迷途，实合改辙。自今以后，年分度者，宜择年卅五以上，操履已定，智行可崇，兼习正音，堪为僧者为之。每年十二月以前，僧纲所司，请有业者，相对简试所习经论，总试大义十条，取通五以上者，具状申官。至期令度。其受戒之日，更加审试，通八以上，令得受戒❹。

如此则避免百姓因为逃避税役而以幼童出家，也对年分度者的学业和修行提出了具体要求，规定了度者必须经过两次考试才能受戒，增加了度僧的难度。

最澄关于戒律的改革正好切合天皇整肃佛教教团、重申戒律的要求，但是他所求不仅于此，更重要的是在比叡山创建独立的戒坛，以摆脱南都佛教对于新生的天台宗度僧的限制。最澄的显扬大戒的思想与鉴真的戒律东传密不可分。最澄的师祖是唐朝僧人道璿，以戒行绝伦著称，曾注《菩萨戒经》三卷❺，通过弟子行表（即最澄本师）对于最澄影响最为重要。最澄最早接触鉴真的大乘戒在其年轻时代，他曾说自己所习的天台章疏都是鉴真传入日本的：

写取《圆顿止观》《法华玄义》并《法华文句疏》《四教义》《维摩疏》等，此是故大唐鉴真和尚将来也，适得此典，精勤披阅。❻

---

❶ 菅原道真编《类聚国史》卷一八六僧道部僧尼杂制，1208 页。

❷ 菅原道真编《类聚国史》卷一八六僧道部僧尼杂制，1208 页。

❸ 菅原道真编《类聚国史》卷一八六僧道部僧尼杂制，1209 页。

❹ 菅原道真编《类聚国史》卷一八七僧道部度者，1124、1125 页。

❺ 最澄《内证佛法相承血脉谱》，《传教大师全集》卷二，527、528 页。

❻ 仁忠《叡山大师传》，《传教大师全集》卷五，附录 6 页。

并且最澄还与鉴真和尚的弟子道忠有着密切关系，道忠是最澄抄经事业的重要赞助人：

又有东国化主道忠禅师者，是此大唐鉴真和尚持戒第一弟子也，传法利生，常自为事知识远志，助写大小经律论二千余卷。❶

最澄对于戒律最重《梵网经》，他提倡大乘戒，反对小乘戒。两者的差别在于所持戒律不同，"凡佛戒有二，一者大乘大僧戒，制十重四十八轻戒以为大僧戒；二者小乘大僧戒，制二百五十戒以为大僧戒。"❷十重四十八轻戒即《梵网经》所说的菩萨戒。《显戒论》云："自今以后，不受声闻利益，永乘小乘之威仪，即自誓愿弃舍二百五十戒也。"南都僧纲对此提出"大乘戒传来久矣，大唐高德、此土名僧，相寻传授，至今不绝"，而最澄反驳云"梵网之戒虽先代传，此间受人未解圆意，所以用声闻律仪同梵网威仪"❸。

最澄的判教思想非常明确，他不仅针对南都六宗的戒律，而且也针对他们的佛学思想，最澄认为日本当时主流宗派，无论三论宗、法相宗，都是以论为本，而天台宗是以经为本，经是佛所说，是本源，论是菩萨所造，是支脉，修习佛法当以经为主，不当本末倒置。他还在向天皇提出应当派遣还学僧前往大唐学习天台宗的上表中说道：

此国现传三论与法相二家，以论为宗，不为经宗也。三论家者，龙猛菩萨所造《中观》等论为宗，以引一切经文成于自宗论，屈与经义，随于论之旨。又法相家者，世亲菩萨所造《唯识》等论为宗，是引一切经文成于自宗义，折于经之文，随于论之旨。天台独斥论宗，特立经宗，论者此经末，经者此论本，舍本随末，犹背上向下也，舍经随论，如舍根取叶❹。

为了还本溯源，最澄《显戒论》将玄奘《大唐西域记》所记诸国分作三种，即"一向大乘寺，初修业菩萨所住寺；一向小乘寺，一向小乘律师所住寺；大小兼行寺，久修业菩萨所住寺。"❺并且系统地摘抄了《大唐西域记》关于各国的国名、国都城市规模，僧人人数，所学戒律类型等内容。我们可以将《大唐西域记》与最澄的引用试加对比，《大唐西域记》卷一"迦毕试国"总述云：

迦毕试国，周四千余里，北背雪山，三陲黑岭。国大都城周十余里。宜谷、麦、多果、木，出善马、郁金香。异方奇货，多聚此国。气序风寒，人性暴犷，言辞鄙亵，

❶ 仁忠《叡山大师传》，《传教大师全集》卷五，附录7页。
❷ 最澄《山家学生式》，《传教大师全集》卷一，17页。
❸ 最澄《显戒论》（卷上），《传教大师全集》卷一，133页。
❹ 仁忠《叡山大师传》"上桓武天皇请往大唐求法表"，《传教大师全集》卷五，附录11、12页。参考奥野光贤《最澄の三论批判》，《印度学佛教学研究》第42卷第1号，1993年，35-41页；由木义文《最澄の唯识理解》，《印度学佛教学研究》第30卷第1号，1981年，164-167页。
❺ 最澄《显戒论》（卷上），《传教大师全集》卷一，37页。最澄《山家学生式》，《传教大师全集》卷一，17页。

婚姻杂乱。文字大同睹货逻国。习俗、语言、风教颇异。服用毛氎，衣兼皮褐。货用金钱、银钱及小铜钱，规矩模样异于诸国。王，宰利种也，有智略，性勇烈，威慑邻境，统十余国。爱育百姓，敬崇三宝，岁造丈八尺银佛像，兼设无遮大会，周给贫窭，惠施鳏寡。伽蓝百余所，僧徒六千余人，并多习学大乘法教。宰堵波、僧伽蓝崇高弘敞，广博严净。天祠数十所，异道千余人，或露形，或涂灰，连络髑髅，以为冠鬘❶。

对比《显戒论》卷上摘引云：

迦毕试国，周四千余里。国大都城，周十余里。伽蓝百余所，僧徒六千余人，并多习学大乘法教❷。

两相比较，我们发现《显戒论》只是在《大唐西域记》原文基础上摘选所需内容，并未改动任何文字。《大唐西域记》是按照玄奘求法路程记录各国情况的，而最澄是依据大乘寺、小乘寺和大小兼行寺三类加以重编，特别突出了各国戒律行用的特征。南都僧统护命等人《大日本国六统表》云："玄奘、义净，久经西域，所闻所见，具传汉地。"最澄对此加以反驳："玄奘、义净，各造记传，大小别学，具载两传，但披传文，不案传义。噫，埋玉之叹，岂可得免也。"❸最澄《显戒论》如此摘抄的体例确实凸显了区别印度和西域地区行用大小乘戒律的特征，揭示了《大唐西域记》的深意。联系上文提及的南都僧统护命曾撰作《慈恩传解节记》，也是与玄奘西域求法相关的著作，争论双方具有大致相同的知识背景，这一现象颇为值得吟味。

最澄撰述《显戒论》（图6）以显扬大戒为目的，介绍印度和中国的僧团和戒律制度，利用《大唐西域记》《南海寄归内法传》作为证据。他改革僧团戒律，对抗南都六宗寺院的腐败，同时配合桓武天皇对僧团的整肃。最初，最澄在比叡山开创一乘止观院，争取到年度度者有天台宗僧人二名的权益，但是在南都七大寺所度的天台僧人被分配住在南都七大寺中，流散四处，不能保证在最澄指导下修习天台经典，进而形成宗派，于是最澄又争取在一乘止观院建立戒坛，由最澄按照大乘戒度僧的权利，制定了详细的教学制度，见于山家学生式（八条式、六条式、四条式）。争取建立独立戒坛，相关文献由最澄最为看重的弟子光定提交给嵯峨天皇，南都六宗提出强烈的反对，

图6　最澄《显戒论》

❶ 玄奘撰、季羡林等校注《大唐西域记校注》卷一："迦毕试国"，北京：中华书局，1985年，135、136页。

❷ 最澄《显戒论》卷上，《传教大师全集》卷一，37、38页。

❸ 最澄《显戒论》卷上《开云显月篇》，《传教大师全集》卷一，34页。

针对这些反对意见，最澄撰述了《显戒论》，诸条反驳了南都六宗的批评意见，以期占据佛教教理的制高点，争得大乘戒的优势地位以及一乘止观院建立戒坛的权益。虽然最澄为此目标做出了极大的努力，然而在他有生之年始终未能得到嵯峨天皇的敕许。最澄圆寂的次年，这一目标才在最澄弟子光定、义真的继续争取下达成。

四、唐土与东瀛知识体系中《大唐西域记》

玄奘《大唐西域记》和道宣《中天竺舍卫国祇洹寺图经》中关于印度本地佛教寺院的形态的记录，对于唐朝寺院的规划、建立皆有意义。《祇洹图经》是唐初道宣所撰，成于唐高宗乾封二年（667年），中土失传，日本入唐求法僧圆珍将其传至日本。以上各书对于日本寺院和僧团建设都有重大意义。在日本东大寺的抄经目录、出借目录和典藏目录中，常见《大唐西域记》，在以上目录中，我们可以分析当时僧人如何看待《大唐西域记》。

按：《大唐西域记》最早见于成书于唐高宗麟德四年（664年）的道宣《大唐内典录》中，其中一处著录在玄奘新译经目录的最末，一处著录在佛教史传类之中。前者与玄奘曾经将新译经论和《大唐西域记》一起进献给唐太宗有着密切关系，两者本是一体，几乎可以视作玄奘新译佛经的总经记❶。后者在《大唐内典录》中属于"历代道俗述作注解录"，末有"右略列诸代道俗所传，检阮氏《七录》僧佑统叙，更有缀缉"❷。可知道宣在这部分目录中是参照阮孝绪《七录》的体例，按照著者编辑的书目，所著录的内容偏向世俗社会流传的佛教典籍，其中佛教史的部帙颇多，《大唐西域记》就属于此类。与之相似，《大唐西域记》在智昇《开元释教录》里分别著录于"总括群经录""有译有本录之此方撰述集传""补阙拾遗录""入藏录之贤圣传"中❸，后两者是新出现的两种分类，"补阙拾遗录"中《大唐西域记》和《集古今佛道论衡》《大唐慈恩寺三藏法师传》《大唐西域求法高僧传》著录在一起，"贤圣传"中也是与如上同样的一组典籍著录在一起，都是具有史传性质的撰述，所以归根到底与《大唐内典录》中的分类意义相同。

在日本东大寺典藏目录中，《大唐西域记》的著录同样存在于两个序列之中，也是分别属于经记、史传两种性质。天平胜宝二年（750年），东大寺文书载《大唐西域记》存放于东大寺经藏的第十三柜中，属于"贤圣集"类；天平胜宝三年（751年），东大寺文书中将《大唐西域记》归入"传集章"。天平胜宝五年（754年），《奉写疏集传目录》中与道宣的《三宝感通录》《大唐西域求法高僧传》等史传典籍以及《成唯识论》等法相宗论疏共同缮写。在天皇向僧人行信借书的目录中，《大唐西域记》又与《成唯识论》及其论疏编录在一起。天平胜宝诸目录的时间上距智昇编成《开元释教录》的

---

❶ 经记为记录佛典传来经历和翻译过程的文体，《大唐西域记》所记正是玄奘所译佛典的传来经历，故有此性质。再《大唐贞元新译十地等经记》引《悟空入竺记》云："如是往来遍寻圣迹，与《大唐西域记》说大少差殊。"（《佛说十力经》前所附经记，高楠顺次郎等辑《大正新修大藏经》第17卷，大正一切经刊行会，1924—1934年，716页）可见唐代入竺求法僧悟空及译者尸罗达摩也蹈袭前代认知。

❷ 道宣《大唐内典录》卷一〇，《大正新修大藏经》第55卷，333页。

❸ 智昇《开元释教录》，北京：中华书局，2018年，498、907、1227、1448页。

开元十八年（730年）不过二十年，可知日本僧人遵循《大唐内典录》《开元释教录》的体系，按照中国僧人的眼光来看待《大唐西域记》。

与此不同，最澄以独特的戒律视角来看待玄奘《大唐西域记》对于各国佛教状况的描述，确实揭示了玄奘撰写此书的深意，也与当时日唐学人、僧徒的见解有所不同。最澄《显戒论》对于《大唐西域记》的这种认识，在日本后世著作中成为典范。普寂所作《华严五教章衍秘钞》就直接引用了最澄的观点："《显戒论》上云：谨按玄奘《西域传》，有三学国，第一习学大乘国一十五国，第二兼学大小国一十五国，第三但学小乘国四十一国云云。又义净《南海传》云，大乘小乘区分不定，北天南海之郡绝是小乘，神州赤县之乡意存大教，自余诸处大小杂行云云。"❶

结语

最澄撰述《显戒论》主要是为了批驳南都僧纲奏文的观点，故首先强调显扬大乘戒律是秉承先帝（桓武天皇）的遗制，以加强自己所制山家学生式、建立大乘戒坛的合法性；其次，凸显自身传法谱系，强调自身求法所遇师资的权威性，包括自己的本师行表，行表之师唐僧道璇，尤其是入唐求法所遇的天台宗道邃、行满，密宗顺晓、惟象等，以反击南都六宗僧统。为了加重后一重证据，最澄还另撰《内证佛法相承血脉谱》，由其弟子光定与《山家学生式》等文献一同进献给嵯峨天皇。与以上手法相比，最澄《显戒论》中引用玄奘《大唐西域记》则更为有力地证明了佛教原生地大乘戒律的原生意义，为一乘止观院建立戒坛，实施大乘戒，对抗南都六宗的阻挠，最终创立日本天台宗提供了非常重要的理论和文献支持。

（注：本文原刊于荣新江、朱玉麟主编《丝绸之路新探索：考古、文献与学术史》，凤凰出版社，2019年11月，287-297页。插图为本书编者另加。）

---

❶ 普寂《华严五教章衍秘钞》，《大正新修大藏经》第73卷，667页。

齐庆媛 / Qi Qingyuan

齐庆媛，北京服装学院副教授，硕士生导师，兼任《艺术设计研究》编辑。毕业于清华大学美术学院，文学硕士，艺术学博士、博士后。主要从事佛教美术研究，关于菩萨像造型（发髻、宝冠、服装、装饰物与躯体形态）与思想方面的研究取得一定成果，在《故宫博物院院刊》《敦煌研究》《艺术设计研究》《艺术史研究》《石窟寺研究》等期刊发表论文十余篇。

大足与安岳宋代石刻菩萨像服饰分析

齐庆媛

我今天讲的内容是《大足与安岳宋代石刻菩萨像服饰分析》,首先我们来欣赏人们所熟知的大足北山佛湾第125龛的数珠手观音(图1),俗称媚态观音。这尊菩萨像的造型达到了一个新高度,神态、动态、衣带飘举,给人一种非常美好的感觉。大足和安岳菩萨像实在太多了,今天下午的讲座,大家会欣赏到众多精美的菩萨像。

概况

我们先来了解一下宋代佛教造像整体的发展情况。宋代的石窟以及摩崖造像在北方主要集中在陕北地区,在南方主要集中在四川和重庆,尤其是重庆的大足县和四川的安岳,这个时期大足和安岳的佛教造像呈现一体化的发展面貌,其中有一个显著的特征是,菩萨像的发展规模超过了佛像。为什么这么说呢?因为一般在佛教造像中,佛无疑是最为重要的,但宋代迎来了一个新的发展阶段。菩萨像以胁侍形式表现者数量众多,也就是佛为主尊,两侧为菩萨的组合。当然,菩萨作为主尊表现者也不在少数,最典型的例子是水月观音。另外,还出现了很多菩萨群体造像,在大足和安岳这个特征就非常明显,出现了十三观音变相、十圣观音像、十二圆觉菩萨像,菩萨一跃成为佛教造像的重心。大足和安岳的菩萨像在北宋早中期的实例比较少,北宋晚期到南宋晚期为实质性发展阶段,自11世纪80年代至13世纪40年代,造像活动长达160年。

在宋代,大足的菩萨像主要分布在北山佛湾,另外还有妙高山、石篆山、石门山、宝顶山、佛耳岩等;安岳的菩萨像分布在华严洞、毗卢洞、茗山寺、大佛寺、净慧岩等石窟。

图2是大足北山佛湾第180龛北宋晚期的十三观音变相,从图中可以看到主尊观音呈"游戏坐"。一般这样的造型,是水月观音比较常见的姿势。左右两侧各有六尊共十二尊观音,只不过持物不同,服装也有很大差别,造型各式各样。图3是大足石门山第6窟南宋西方三圣与十圣观音像,后壁是西方三圣,左右侧壁各有五尊观音。图4是安岳石羊场华严洞南宋十二圆觉菩萨像其中的五尊。从这些图中可以看出,大足和安岳的宋代菩萨像获得了很大的发展。

图5是大足宝顶山大佛湾第5龛的南宋华严三圣像,这是一佛二胁侍菩萨的组合形

图1 大足北山佛湾第125龛–南宋–数珠手观音像（陈怡安摄）

图2 大足北山佛湾第180龛–北宋–十三观音变相（李静杰摄）

图3 大足石门山第6窟–南宋–西方三圣与十圣观音像（李静杰摄）

图4 安岳石羊场华严洞–南宋–十二圆觉菩萨像（齐庆媛摄）

图5 大足宝顶山大佛湾第5龛–南宋–华严三圣像（孙明利摄）

图1	图2
	图3
图4	图5

式。这种组合形式比较久远，在这里也延续了下来。这龛造像的龛高达到了8米，尊像的高度近7米，大概有三层楼的高度，形体非常庞大。

大足和安岳宋代石刻菩萨像的服饰包括三方面：一是宝冠，二是服装，三是装饰物。宝冠，又分为卷草纹宝冠和牡丹纹宝冠；服装主要分为三类：袈裟、披风和络腋（或僧祇支、帔帛），它们分别与裙组合；装饰物分为耳饰、手镯、璎珞。

图6是大足北山佛湾第136窟南宋玉印观音像服饰示意图。在进行服饰分析之前，我们通过示意图，对服饰的各个名称有所了解。

一、宝冠

大足与安岳宋代石刻菩萨像都头戴宝冠，这是一个非常显著的特征。北方地区则不然，尤其是山西宋代彩塑菩萨像，很多还是梳着高高的发髻、头戴小型宝冠，保留了唐

图6 大足北山佛湾第136窟 –
南宋 – 玉印观音像服饰示意图
（齐庆媛绘）

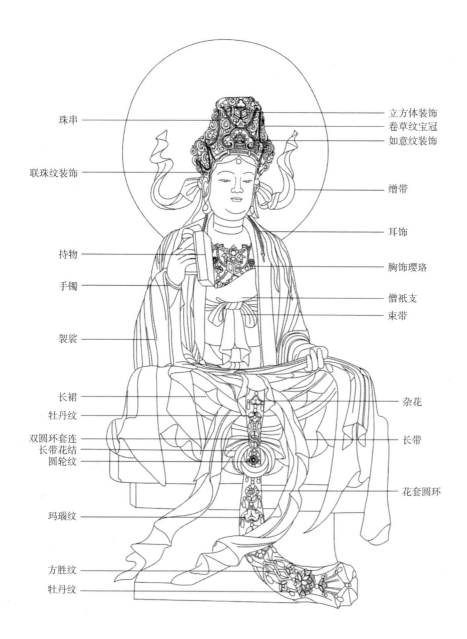

珠串　　　　　　　　　　　　　　立方体装饰
　　　　　　　　　　　　　　　　卷草纹宝冠
　　　　　　　　　　　　　　　　如意纹装饰

联珠纹装饰　　　　　　　　　　　缯带

　　　　　　　　　　　　　　　　耳饰

持物　　　　　　　　　　　　　　胸饰璎珞

手镯　　　　　　　　　　　　　　僧祇支
　　　　　　　　　　　　　　　　束带

袈裟

长裙　　　　　　　　　　　　　　杂花
牡丹纹

双圆环套连　　　　　　　　　　　长带
长带花结
圆轮纹

　　　　　　　　　　　　　　　　花套圆环

玛瑙纹

方胜纹
牡丹纹

代的遗风。但大足与安岳宋代石刻菩萨像都戴着宝冠，而且宝冠雕刻得非常精美。宝冠的主体纹样是植物纹样，依据植物纹样类别可以分为卷草纹宝冠与牡丹纹宝冠两类，每类纹样又可细分为不同的型与式，在这里采用了考古类型学的方法，基于这种多层次的类型分析，从而建立起菩萨像序列，进而揭示其造型演化规律。

（一）卷草纹宝冠

在大足与安岳宋代菩萨像中，卷草纹宝冠自始至终盛行不衰，北宋卷草纹宝冠较多沿袭唐、五代传统，南宋卷草纹宝冠颇多受世俗纹样影响，至南宋中晚期形成异常繁缛华丽的造型。

根据卷草纹形状的差异可以细分为两型：其一，茎叶互用型卷草纹宝冠，由一个个S形叶片翻转连接，茎叶互用，连绵相续；其二，茎蔓添叶型卷草纹宝冠，以抽象的枝条构成波状起伏或内旋环绕的骨架，其上添加繁茂卷叶。至南宋中晚期，后者逐渐取代前者，形成具有鲜明地域特征的宝冠造型。

1．茎叶互用型卷草纹宝冠

图7是大足北山佛湾第180窟左壁第四尊北宋观音像头部，图8是安岳圆觉洞第26龛前蜀千手观音像头部。通过对比，可以看出北宋晚期菩萨像上承晚唐、五代菩萨像宝冠传统。根据南宋早中期菩萨像实例可以推测，其受到当地南宋墓葬雕刻等世俗因素影响，卷草纹发生了显著变化。从图9可以看出，S形的卷草茎叶互用的形式没有变，与此前还是一脉相承，但是卷草纹变得非常密集，对比同时期墓葬的卷草纹就一目了然（图10）。

2．茎蔓添叶型卷草纹宝冠

茎蔓添叶型卷草纹宝冠用抽象的枝条作为茎，在内旋环绕或波状起伏的茎上有很多小叶片。这种宝冠流行于北宋晚期至南宋晚期，可以分为前后两个阶段。第一阶段为北宋晚期至南宋早期，茎蔓添叶型卷草纹兼有疏朗（图11）与繁密（图12）两种形式，继承了唐代的传统。如图13是成都万佛寺遗址出土唐代观音头像，可以看到宝冠上的装饰纹样就是茎蔓添叶型卷草纹。第二阶段南宋中晚期茎蔓添叶型卷草纹为繁密形式（图14），而且卷曲叶片的细部也发生了变化，对照图15华蓥安丙家族1号墓南宋雕刻卷草纹可以看出，小叶片上有了类似卷云的裂片，这种纹样在南宋非常流行，瓷器上也有。

| 图7 | 图8 | 图9 |
| 图10 | 图11 | 图12 |

图7　大足北山佛湾第180窟－左壁第四尊－北宋－观音菩萨像头部线描（齐庆媛绘）

图8　安岳圆觉洞第26龛－前蜀－千手观音像头部（李静杰摄）

图9　大足北山佛湾第136窟－南宋绍兴十二年至十六年（1142—1146年）－玉印观音像头部线描（齐庆媛绘）

图10　泸县青龙镇2号墓－南宋－雕刻卷草纹线描（齐庆媛绘）

图11　大足北山佛湾第180窟－右壁第四尊－北宋－观音菩萨像头部线描（齐庆媛绘）

图12　大足北山佛湾第136窟－南宋绍兴十三年（1143年）－文殊菩萨像头部线描（齐庆媛绘）

考虑了宝冠的主体纹样之后，再来探讨其装饰的宗教意涵。图14菩萨像宝冠中间有一尊立佛，一般来说，宝冠上有立佛是观音菩萨的标志，这在《佛说观无量寿佛经》中有明确记载。但到了两宋时期，以往常见宝冠中间设置化佛或宝瓶形式依然流行，其中化佛的应用呈泛化趋势，由观音像扩大到十二圆觉众菩萨像、地藏菩萨像，以及涅槃图像中诸菩萨像等，因此，宝冠上有立佛不再是判断观音属性的标识，而宝冠中间设置宝瓶依然为大势至菩萨像的标志。

另外，还有在非常繁密的卷草纹宝冠里面出现了多尊佛像的情况。图16为安岳茗山寺第3龛南宋文殊菩萨像，宝冠之中每尊佛像的手印不同，自左向右，第一尊佛右手举起，似施无畏印，第二尊佛施禅定印，第三尊佛施拱手印，第四尊佛印相不明，第五尊佛左手施触地印，右手举至胸前。位于中间第三尊佛的拱手印与大足、安岳地区毗卢遮那佛手印一致，推测为同种尊格。第一尊佛、第二尊佛及第五尊佛分别对应金刚界五佛的不空成就如来、无量寿佛、阿閦佛，故此五佛应视为金刚界五佛。菩萨像宝冠饰五佛造型在宋辽金时期流行开来，具有时代共通性。唐宋时期翻译密教经典多提及五佛冠，表五智之义，为毗卢遮那佛、诸佛顶尊及诸菩萨等所戴之冠。文殊像宝冠配置密教金刚界五方佛，符合经典原意。

图17是安岳高升大佛寺第1龛南宋文殊菩萨像，从图中可以推测宝冠中有七佛，在佛教经典中与七佛关系最为密切的菩萨当推被誉为七佛之师的文殊，此说法在宋代已成为佛教常识。（南宋）绍隆等编《圆悟佛果禅师语录》卷18："文殊是七佛之师，为什么出女子定不得？"（南宋）赜藏主编集《古尊宿语录》卷9："侍郎问，'文殊是七佛之师，未审文殊以何为师？'"

图13 | 图14
图15

图13 成都万佛寺遗址出土－唐代－观音菩萨头像（李静杰摄）

图14 大足宝顶山大佛湾第11龛－南宋－菩萨像之一头部（齐庆媛摄）

图15 华蓥安丙家族1号墓－南宋－雕刻卷草纹线描（齐庆媛绘）

（二）牡丹纹宝冠

牡丹纹宝冠是菩萨像造型史上的一大创举，流行于北宋晚期至南宋晚期，为佛教造像本土化、世俗化的真实写照。宋人喜爱牡丹，促使牡丹纹样普遍流行，随之影响到菩萨像的装饰。牡丹纹宝冠在特定的时间盛行于四川与重庆地区，与宋代牡丹栽培种植技术的南移密切关联。

图18是大足北山佛湾第180龛左壁第五尊北宋观音菩萨像头部。在分析大足北山佛湾第180龛北宋晚期十三观音变相时，发现有几尊菩萨的宝冠上均出现了一种植物纹样，但学界没有指出这是什么植物纹样。我通过进行大量的线图绘制和分析得知是某种花卉，通过叶子特征可以排除莲花，通过三曲式花瓣形状进而判断是牡丹。首先判断出植物纹样的属性，然后再来探讨为什么会在菩萨宝冠中出现牡丹这种比较世俗的纹样。

首先来看牡丹和佛教的关系。宋代，牡丹的发展进入全盛期。据花卉史研究成果，宋代牡丹谱录约21项，品种多达191个，远超前代。欣赏牡丹风俗从宫廷到民间无处不有，佛教寺院也成为观赏牡丹的绝佳场所，"花开时，士庶竞为遨游，往往于古寺废宅有池台处，为市井张幄帟（yì），笙歌之声，相闻最盛。"四川彭州"曩（nǎng）时永宁院有僧，种花最盛，俗谓之牡丹院，春时赏花者多集于此。"中国第一部牡丹谱《越中牡丹花品》即为僧人仲休（或仲林）所作，可见佛教人士对牡丹的由衷热爱。

牡丹纹样在特定的时间出现在重庆大足石刻是有一定原因的。牡丹在五代十国时期作为观赏名花流入蜀地，但直到五代十国之末名贵牡丹花种才流入民间。诗人陆游在南宋淳熙五年（1178年）写成《天彭牡丹谱》，详细记述了彭州牡丹的盛况。其《花品序》有云："牡丹在洛阳为第一，在蜀天彭为第一……崇宁（1102—1106年）之间亦多佳品。"北宋晚期四川彭州牡丹已闻名于世，与此同时，菩萨像牡丹纹宝冠流行开来。南宋时期，四川成为全国牡丹栽培中心之一，菩萨像牡丹纹宝冠也进入鼎盛时期。

在菩萨像牡丹纹宝冠中，牡丹纹基本由花、叶、茎构成，茎表现为各种抽象曲线，花、叶为造型的重点。据牡丹纹花、叶的形态，可以将牡丹纹宝冠分为写实、装饰、介于写实与装饰之间三型。

图16 ｜ 图17 ｜ 图18

图16 安岳茗山寺第3龛－南宋－文殊菩萨像头部线描（齐庆媛绘）

图17 安岳高升大佛寺第1龛－南宋－文殊菩萨像头部线描（齐庆媛绘）

图18 大足北山佛湾第180龛－左壁第五尊－北宋－观音菩萨像头部（齐庆媛摄、绘）

1. 写实型牡丹纹宝冠

写实型牡丹纹宝冠中的牡丹纹花、叶基本模拟实物形状，这种宝冠流行于北宋晚期至南宋早期。图19是大足妙高山第4窟左壁第三尊宋代观音菩萨像头部，可以看到菩萨宝冠上有一朵非常写实的牡丹（图20），对照当时世俗墓葬里的雕刻牡丹纹样（图21），可以发现两者非常接近。图22是大足妙高山第3窟文殊菩萨像头部，可以看到宝冠中央有一朵硕大的牡丹花，这让人联想到簪花习俗。

簪花习俗在中国历史非常久远，到宋代达到了鼎盛时期，无论男女老少，无论身份高贵还是低贱，簪花成为一种民俗。图23为南宋绢画《杂剧打花鼓图》的局部，女子头上簪了一朵大牡丹。北宋苏轼《吉祥寺赏牡丹》："人老簪花不自羞，花应羞上老人头。醉归扶路人应笑，十里珠帘半上钩。"记录了官民同乐的美好景象。南宋周密《武林旧事》："牡丹芍药蔷薇朵，都向千官帽上开。"通过此记载可以想象出当时众人簪花的壮观景象。

在佛教造像中，人们赋予菩萨像形象时，其实造型的自由度非常高，会采用很多世俗元素装扮菩萨，反映了当时一些流行的文化因素。

2. 装饰型牡丹纹宝冠

牡丹花、叶经过艺术家重新创作，形成富有装饰意味的表现形式。这种宝冠流行于北宋晚期至南宋早期。图24为大足妙高山第4窟左壁第四尊南宋观音菩萨像，可以看到宝冠中的牡丹纹样装饰意味浓厚。宋代官员的官帽也采用装饰型牡丹纹，巩义宋真宗之子周王墓出土石刻像（图25），头戴高冠，冠体正中刻画一株盛开的牡丹，花朵饱满，花瓣曲卷翻转，充满生机，与妙高山第4窟观音菩萨像宝冠上的牡丹纹样大致相当。

3. 介于写实与装饰之间的牡丹纹宝冠

牡丹纹花、叶在模拟自然形态基础上经过艺术处理，更具秩序感。图26这种宝冠流行于北宋晚期至南宋晚期。这种宝冠纹样很容易与莲花混淆，对比图27巩义宋太宗之李皇后陵东列望柱中出现相似的牡丹纹样，可以推断出大足北山佛湾第180窟左壁第三尊北宋观音菩萨像宝冠上为牡丹纹样。

这种多层次花瓣牡丹在当时流行的原因是什么呢？（北宋）王辟之《渑水燕谈录》卷1载："后曲燕宜春殿，出牡丹百余盘，千叶者才十余朵，所赐止亲王、宰臣，真宗顾文元及钱文僖，各赐一朵。又常侍宴，赐禁中名花。故事，惟亲王、宰臣即中使为插花，余皆自戴。上忽顾公，令内侍为戴花，观者荣之。"此处"叶"指花瓣，也就是说多层次花瓣的牡丹非常名贵。《洛阳牡丹记》载："左花之前，唯有苏家红、贺家红、

图19 | 图20 | 图21

图19 大足妙高山第4窟－左壁第三尊－宋代－观音菩萨像头部（李静杰摄）

图20 大足妙高山第4窟－左壁第三尊－宋代－观音像宝冠局部线描（齐庆媛绘）

图21 泸县喻寺镇1号墓－宋代－雕刻牡丹纹（齐庆媛绘）

图22　大足妙高山第3窟-宋代-文殊菩萨像头部线描（齐庆媛绘）

图23　（南宋）绢画《杂剧打花鼓图》局部［出自《中国历代绘画精品（人物卷·卷3）：墨海瑰宝》图版117］

图24　大足妙高山第4窟-左壁第四尊-南宋-观音菩萨像头部线描（齐庆媛绘）

图25　巩义宋陵周王墓出土石刻头像局部（齐庆媛摄）

图26　大足北山佛湾第180窟-左壁第三尊-北宋-观音菩萨像宝冠线描（齐庆媛绘）

图27　巩义宋太宗之李皇后陵东列望柱拓本局部（出自《北宋皇陵》图版78）

图22	图23	图24
图25	图26	图27

林家红之类，皆单叶花，当时为第一。自多叶、千叶花出后，此花黜矣，今人不复种也。"《天彭牡丹谱》曰："彭人谓花之多叶者，京花。单叶者，川花，近岁尤贱川花，卖不复售。"又，"宣和中，石子滩杨氏皆尝买洛中新花以归，自是洛花散于人间"。四川的千叶（或多叶）牡丹并非当地品种，或许正是宣和年间从洛阳引进的新品种。北宋晚期到南宋早期，这种形式的菩萨像牡丹纹宝冠非常流行（图28），或许就与"多叶牡丹""千叶牡丹"的引进有关。

如大足妙高山第5窟南宋水月观音像所示（图29），宝冠左右各刻画三朵侧面观牡丹花，随波状枝条俯仰形态各异，这种形式也是介于写实与装饰之间，对比华蓥安丙家族1号墓南宋雕刻牡丹纹（图30）也可以看出，这种纹样的菩萨宝冠的流行与世俗文化紧密关联。

| 图28 | 图29 |

图28　大足北山佛湾第136窟-南宋-日月观音像头部（李静杰摄、齐庆媛绘）

图29　大足妙高山第5窟-南宋-水月观音像宝冠线描（齐庆媛绘）

图30 华蓥安丙家族1号墓-南宋-雕刻牡丹纹线描（齐庆媛绘）

（三）菩萨像宝冠形体

虽然菩萨像宝冠的外形不规则，但其中有一种宝冠形体特别引人注目。在安岳石羊场华严洞南宋普贤菩萨像宝冠上出现了两侧上翘的翅状物（图31），在《宋仁宗后坐像》中找到了相似的宝冠（图32），翅状物指的是博鬓。《宋史·舆服志》载："妃首饰花九株，小花同，并两博鬓。""皇太子妃首饰花九株，小花同，并两博鬓……中兴（南宋初年）仍旧制。""命妇服，政和议礼局上花钗冠，皆施两博鬓，宝钿饰。"由此表明博鬓是一种高贵身份的象征，艺术家把它表现在了菩萨像的宝冠之中，从中可以感受到当时艺术家在创作菩萨像时，实际上是把人世间最美好的一些形式语言都运用在了菩萨像的服饰之中。

二、服装

大足与安岳宋代菩萨像服装多质地厚重、宽松蔽体，身披袈裟形式十分流行，成为区别于以往菩萨像的主要特征。在唐代，菩萨像有一个非常重要的特征，就是特别注重对躯体形态的刻画，大多有健美的胸腹肌肉，充满活力。多数上身斜披络腋，下着长裙；或有甚者上身直接袒裸形式，下着长裙；或者上身着僧祇支，下着长裙。这些服装形式出现很多上半身外露的现象。到了宋代，菩萨像的服装发生了一个本质变化，变得质地厚重，而且整体上遮住了身体。这个变化很有可能与当时宋代整体的审

图31 | 图32

图31 安岳石羊场华严洞-南宋-普贤菩萨像宝冠（黄文智摄）

图32 台北故宫藏绢画《宋仁宗后坐像》局部（出自《千禧年宋代文物大展》图版Ⅳ-17）

美趣味有关，宋代因为受理学影响，美学风格变得非常内敛和含蓄，包括菩萨像的形体。唐代的菩萨像大多是三弯式，扭胯特别明显。到了宋代，菩萨立像大部分是直立姿势，造型非常恬静。大足与安岳宋代菩萨像服装，根据现存实例服装形式的显著差异，可以分为袈裟、披风，以及络腋（或僧祇支、帔帛）与裙组合三类，每一类依据服装形式的微观差异，作进一步细分。

（一）袈裟

袈裟原本为佛装（或僧装），菩萨像披袈裟在唐代尚属于特殊情况。至宋代，菩萨像披袈裟成为普遍现象。菩萨像袈裟一方面囊括了佛像袈裟的主要形式，另一方面吸收现实生活中僧人袈裟及世俗人服装的造型因素，从而呈现多种面貌。

1. 双领下垂式袈裟

双领下垂式袈裟指袈裟左右领襟自然下垂的形式，这一形式在佛像中经过了长时间的发展（图33），在北宋晚期至南宋晚期菩萨像中普遍流行。北宋晚期至南宋早期，菩萨像袈裟左右领襟下垂至胸部，形成小U形，未显露僧祇支，袈裟下边缘自然垂下（图34）。南宋中晚期菩萨袈裟左右领襟下垂至腹部呈大U形，内着束带僧祇支（图35）。

还有一种菩萨袈裟左右领襟呈敞开式自然垂下，显露束带僧祇支（图36）。这种直领对襟袈裟不见于以往实例，大概受宋代世俗女子窄袖对襟背子的影响（图37），只是菩萨像袈裟袖口比较宽松，与背子略有不同。

2. 敷搭双肩下垂式袈裟

敷搭双肩下垂式袈裟由内外两层组合而成，内层袈裟左右领襟自然下垂，外层袈裟作袒右肩式披着，形成内层袈裟搭于右肩，外层袈裟搭于左肩的形式。这种袈裟在唐代发展为佛像的主流衣着形式，宋代持续流行（图38），进而影响到菩萨像着装，安岳圆觉洞第15龛北宋观音菩萨像服装两层组合的形式比较明显（图39），大足北山佛湾第180龛北宋观音菩萨像（图40）服装结构表现得有些含糊。

图33 ｜ 图34 ｜ 图35

图33 安岳圆觉洞第59龛－五代－阿弥陀佛像线描（齐庆媛绘）

图34 大足北山佛湾第180窟－左壁第二尊－北宋－观音菩萨像（齐庆媛摄）

图35 安岳石羊场华严洞－右壁第三尊－南宋－菩萨像（李静杰摄）

图 36	图 37	图 38
图 39	图 40	

图 36　大足妙高山第 4 窟－左壁第四尊－南宋－观音菩萨像服装示意图（齐庆媛绘）

图 37　泸县青龙镇三号墓－墓壁左侧－南宋－侍女（出自《泸县宋墓》彩版 15.1）

图 38　大足北山佛湾第 176 龛－北宋靖康元年（1126 年）－弥勒佛像服装示意图（齐庆媛绘）

图 39　安岳圆觉洞第 15 龛－北宋－观音菩萨像（李静杰摄）

图 40　大足北山佛湾第 180 龛－左壁第四、第五尊－北宋－观音菩萨像（齐庆媛摄）

随后又出现敷搭双肩下垂转化式袈裟，是指内层袈裟被帔帛替代，帔帛覆右肩，外层袈裟依然为袒右肩式披着形式，盛行于南宋中晚期。该形式袈裟在佛像中十分罕见，大概是工匠在塑造菩萨像时，受到敷搭双肩下垂式袈裟的启发，进而结合菩萨像惯用的帔帛加以创新而成。如安岳茗山寺第3龛南宋文殊菩萨像（图41）、安岳石羊场华严洞右壁第四尊南宋菩萨像（图42）。

3. 钩纽式袈裟

钩纽式袈裟是在汉地所创造出来的一种袈裟形式，指外层袈裟在左胸部采用钩纽吊系的形式，唐代菩萨像钩纽式袈裟已出现（图43），而宋代僧人时兴的钩纽式袈裟更对当时菩萨像袈裟产生了直接影响，使得这种着衣形式在南宋中晚期菩萨像中风靡一时（图44、图45）。

还有一种钩纽式袈裟的纽为硬质条状物，硬质条状纽用长带系结横置于钩环上，以起到固定作用。这种形式的钩纽组合在唐代难觅其迹，较早实例零散出现在北宋罗

图41	图42
图43	图44	图45

图41 安岳茗山寺第3龛－南宋－文殊菩萨像（李静杰摄、齐庆媛绘）

图42 安岳石羊场华严洞－右壁第四尊－南宋－菩萨像（李静杰摄）

图43 安岳千佛寨第12龛－第四尊－唐代－菩萨像局部（齐庆媛摄）

图44 安岳石羊场华严洞－右壁第二尊－南宋－菩萨像局部线描（齐庆媛绘）

图45 大足宝顶山大佛湾第18龛－南宋－观音菩萨像局部（齐庆媛摄）

汉像及僧人像中，推测北宋中期是该钩纽式袈裟产生的上限年代，抑或逐渐流行。至南宋，这种钩纽式袈裟引起了当时僧人的足够重视（图46），盛极一时。工匠们在塑造佛、菩萨像时，敏锐地观察到宋代袈裟细节的变化，于是这种钩纽式袈裟在佛教造像中盛行，不但影响到佛像（图47），也影响到菩萨像的着装（图48）。北宋道诚集《释氏要览》卷上曰："钩纽，《僧祇》云：纽绁集要云，前面为钩，背上名纽，先无此物。……佛制一切金银宝物，不得安钩纽上，惟许牙、骨、香木之属。"硬质条状纽似乎暗示牙、骨、香木之类材料。

4．右肩半披式与袒右式袈裟

右肩半披式与袒右式袈裟的实例集中在大足地区北宋至南宋早期，吸收佛衣造型。大足峰山寺第4龛南宋阿弥陀佛像着右肩半披式袈裟（图49），同龛左壁第四尊菩萨像也着相同形式的袈裟（图50），两者之间的联系不言而喻。大足石门山第6窟南宋宝扇手观音像（图51）着袒右式袈裟，这种形式的袈裟历史久远，从印度传到中国后在佛像中持续流行，进而影响到菩萨像。

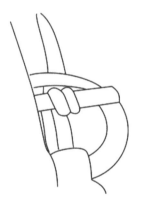

| 图46 | 图47 | 图48 |
| 图49 | 图50 | 图51 |

图46 南宋嘉定三年（1210年）绢画《道宣律师·元照律师》像局部（出自《圣地宁波》图版136）

图47 大足宝顶山大佛湾第17龛－南宋－释迦牟尼佛像局部线描（齐庆媛绘）

图48 大足宝顶山大佛湾第18龛－南宋－大势至菩萨像局部线描（齐庆媛绘）

图49 大足峰山寺第4龛－南宋－阿弥陀佛像（孙明利摄）

图50 大足峰山寺第4龛－左壁第四尊－南宋－菩萨像（孙明利摄）

图51 大足石门山第6窟－南宋－宝扇手观音像（齐庆媛摄）

（二）披风

披风，即外衣敷搭宝冠的形式，成为两宋时期观音像普遍流行的服装形式。披风借鉴了唐代及其以前禅定僧覆头衣造型因素，晚唐、五代冠搭披风的白衣观音像流行开来（图52），两宋时期，披风形式日趋多样。其中有一种披风，左右领襟下垂至胸部围合成小U形，左领襟在左肩处翻折进而披覆宝冠，末端少许搭于右肩（图53、图54）。

另外还有一种披风覆宝冠后自然下垂至腹部，左右领襟围合成大U形，右领襟末端敷搭左肩与左臂，流行于两宋时期。子长钟山第3窟前壁北宋十六罗汉像之一（图55），与安岳石羊场华严洞其中的一尊菩萨像（图56），均搭披风，结跏趺坐，施禅定印，只不过菩萨像双手拢于袖中，两者造型十分统一。通过文献得知"蒙头趺坐"造型的菩萨为入定观音。（南宋）洪迈撰、何卓点校《夷坚志》第三册支丁卷7："余干润陂民谭曾二家，每岁育蚕百箔。绍熙元年（1190年）四月，其妻夜起喂叶，忽见箔内一蚕，长大与他异，几至数倍……忽得小佛相，似入定观音，蒙头趺坐。"关于入定观音像的形成与发展，这涉及另一个课题，我已发表相关论文，在此不再赘述。

（三）络腋（或僧祇支、帔帛）与裙组合

此类服装实际包含四种组合关系。其一，络腋与裙组合，如大足石门山第6窟南宋宝珠手观音像（图57）。其二，络腋、帔帛与裙组合，如大足妙高山第5窟南宋绍兴二十五年（1155年）水月观音像（图58）。其三，僧祇支、帔帛与裙组合，如大足妙高山第4窟南宋大势至菩萨像（图59）。其四，帔帛与裙组合，如大足石门山第6窟南宋莲花手观音像（图60）。在此一并分析的缘由是四种组合关系的裙装没有多少变化，呈现相似面貌。

这个时期最有特点的反而是菩萨的裙装。第一，裙腰两侧各有一条长带在体前相互缠绕呈X形。第二，从菩萨的腰间翻出一条长长的带子，长带在中间系成硕大的花

图52 ｜ 图53 ｜ 图54

图52　安岳圆觉洞第59龛－五代－观音菩萨像（李静杰摄）

图53　大足北山佛湾第286龛－北宋大观三年（1109年）－观音菩萨像（齐庆媛摄）

图54　大足石门山第6窟－南宋－宝瓶手观音菩萨像（李静杰摄）

图 55　子长钟山第 3 窟前壁－北宋－十六罗汉像之一（李静杰摄）

图 56　安岳石羊场华严洞－南宋－入定观音像（李静杰摄）

图 57　大足石门山第 6 窟－南宋－宝珠手观音像（齐庆媛摄）

图 58　大足妙高山第 5 窟－南宋绍兴二十五年（1155 年）－水月观音像（李静杰摄）

图 59　大足妙高山第 4 窟－南宋－大势至菩萨像服装示意图（齐庆媛绘）

图 60　大足石门山第 6 窟－南宋－莲花手观音像（齐庆媛摄）

图 61　菩萨像长带花结与世俗服饰－长带花结对比线描（齐庆媛绘）

图 55	图 56	图 57
图 58	图 59	图 60
图 61		

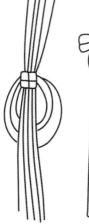

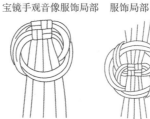

巩义永照陵武官像背面　太原晋祠圣母殿北宋仕女像服饰局部　大足石门山第 6 窟南宋绍兴十一年（1141 年）宝镜手观音像服饰局部　大足妙高山第 4 窟南宋大势至像服饰局部　大足石门山第 6 窟南宋绍兴十一年（1141 年）莲花手观音像服饰局部　大足妙高山第 5 窟南宋水月观音像服饰局部

结，有的还系圆环。长带的广泛应用以及长带系花结造型，除延续唐代菩萨像造型因素外，更重要的是受到宋代世俗服装的深刻影响。通过对比世俗服饰，可以发现花结在宋代十分流行，且外形与菩萨像花结非常相似（图61）。

三、装饰物

大足与安岳宋代石刻菩萨像尤其注重对装饰物的刻画，与北方地区形成鲜明对比，地域特征显著。在北方，菩萨像整体上注重对服装的刻画，有的穿四层上衣，装饰物刻画得比较简单。大足与安岳宋代石刻菩萨像尤其注重装饰物，装饰物上承唐、五代菩萨像传统，进一步受宋代装饰之风影响，形成富有时代特色的新风貌。装饰物主要表现在耳饰、手镯与璎珞三方面，其中璎珞繁缛华丽达到极致，成为菩萨像造型的重心。

（一）耳饰

图62是观音菩萨像的耳饰线描图，从中可以看出一个共同特点，三幅图均为珠串形式，长至肩部或胸部，有的甚至到胸部以下位置，非常夸张，足见该造型耳坠的盛行程度。珠串形耳坠或许直接受宋代上层社会女子耳饰的影响。北京故宫南熏殿旧藏宋代帝后像，凡盛装者皆戴单排珍珠耳坠（图63）。《宋史·舆服志》载："景祐元年（1034年）……非命妇之家，毋得以珍珠装缀首饰、衣服，及项珠、璎珞、耳坠、头（须+巾）、抹子之类。"可见珍珠耳坠不仅是装饰，更是高贵身份的象征。艺术家在塑造菩萨像时，不但选取象征着高贵身份的珍珠耳坠，而且较贵族女子耳坠造型更加丰富。

（二）手镯

在唐代，菩萨像也佩戴手镯，圆环式手镯比较多，造型较普通。到了宋代，圆环式手镯依然流行，手镯款式日趋丰富。大足与安岳宋代菩萨像手镯借鉴了同时期世俗女子手镯款式，造型新颖且富于变化，改变了唐、五代菩萨像手镯单一的形式。

图64是安岳圆觉洞第8龛南宋观音菩萨像手镯，手镯最显著的造型特点是镯体非常宽，且雕刻精致花纹。东阳市金交椅山宋墓出土的银鎏金手镯造型为宽式（图65），一

图62 ｜ 图63

图62　大足北山佛湾第180龛右壁－北宋－第四尊观音像、第136窟－南宋－净瓶观音像与安岳圆觉洞第8龛－南宋－观音像耳饰线描（齐庆媛绘）

图63　绢本设色《宋英宗后坐像》局部［出自《南熏殿历代帝后图像（上）》第102页］

图64 安岳圆觉洞第8龛－南宋－观音菩萨像手镯线描（齐庆媛绘）

图65 东阳市金交椅山宋墓出土－银鎏金手镯（齐庆媛摄）

图66 安岳石羊场华严洞右壁第二尊－南宋－菩萨像手镯线描（齐庆媛绘）

图67 定州静志寺塔基地宫出土－北宋－银手镯（齐庆媛摄）

图64	图65
图66	图67

对镯体锤鍱出卷草纹，虽然纹样与菩萨像手镯不完全一致，但意趣相近。安岳石羊场华严洞右壁第二尊南宋菩萨像手镯（图66）刻出弦纹，接近于定州静志寺塔基地宫出土的北宋银手镯（图67），这种形式的手镯在宋代非常流行。由此可见，菩萨像手镯吸收了当时世俗手镯的款式进行了新改变，在形式上变得更加多样。

（三）璎珞

大足与安岳宋代石刻菩萨像璎珞装饰之繁缛，雕刻之精细，较以往菩萨像有过之而无不及，成为菩萨像服饰史上的华丽篇章。

宋代菩萨像不仅继承了四川、重庆以往菩萨像注重刻画璎珞的传统，且融合了宋代世俗诸多装饰纹样，从而形成一个新高峰。四川、重庆菩萨像自南朝和隋代至唐和五代，一直重视雕刻璎珞。即使在唐、五代菩萨像整体注重躯体形态的情况下，也未忽视对璎珞的刻画，装饰繁缛璎珞的菩萨像随处可见，这为大足与安岳宋代菩萨像璎珞的发展奠定了坚实基础。宋代装饰纹样的应用面和题材比以往更宽广，诸多宋代流行的装饰纹样成为菩萨像璎珞组成元素，使得菩萨像服饰合乎时代潮流。

宋代菩萨像璎珞极其复杂。刚开始面对复杂繁缛的璎珞我也无从下手。后来经过一番思考，我采用的方法是先把璎珞分散开，找出组成璎珞的一个个元素，然后思考配置方式与串联方式，从而全面地分析璎珞的发展规律。其一，在组成元素方面，将不同菩萨像璎珞的相同组成元素抽离出来，系统地进行类型式划分，着重分析出现频率较高元素的来源，从而揭示深层文化内涵。其二，在配置方式方面，着眼于璎珞分布位置，将璎珞的串联方式一并进行分析。通过以上微观与宏观两种考察，进而总结出璎珞发展的整体面貌。

1. 璎珞组成元素——几何纹

首先看璎珞的构成元素，选取其中较重要的一些元素来分析，可分为几何纹和植物纹两大类。几何纹里有非常规则的圆形、方形、菱形等，也有不规则的玛瑙纹、如意纹等（图68）。通过对纹样进行解读发现，出现频率较高的，说明在当时该纹饰的受欢迎程度也较高。

图68　菩萨像几何纹璎珞元素
及对比实例线描（齐庆媛绘）

方胜纹（大足北山佛湾第180龛左壁第二尊北宋观音像）　　钱纹（大足石门山第6窟南宋宝扇手观音像）　　玛瑙纹（大足北山佛湾第180窟右壁第三尊北宋观音像）　　单个如意纹（大足宝顶山大佛湾第18龛南宋大势至菩萨像）

四分菱形（大足宝顶山大佛湾第29窟右壁第五尊南宋菩萨像）　　盘球纹（大足北山佛湾第136窟南宋白衣观音像）　　玛瑙纹（大足北山佛湾第136窟南宋数珠手观音像）　　四合如意纹（大足北山佛湾第136窟南宋白衣观音像）

梅圬字方胜图（福州南宋黄昇墓深褐色绮被）　　圆形印记（成都琉璃厂窑北宋窑址出土瓷器）　　胡玛瑙纹（宋体建筑装饰）　　四合如意纹（福州南宋黄昇墓褐色罗）

菱形为宋代菩萨像璎珞主要的几何纹构成元素，可以进一步划分为菱形内套、菱形环、四分菱形三式。其中双菱形环套连，即方胜，因其同形同心，而有同心双合的吉祥寓意，被世人普遍喜爱。（北宋）李诫撰、邹其昌点校《营造法式》卷十四彩画作制度："身内作通用六等华，外或用青、绿、红地作团科（窠），或方胜，或两尖，或四入瓣。"南宋庄绰《鸡肋篇》卷上："泾州虽小儿皆能捻茸毛为线，织方胜花，一匹重只十四两者，宣和间一匹铁钱至四百千。"南宋孟元老《东京梦华录》卷八记载将食品制成方胜形状，足见宋代民众喜爱方胜的程度。

圆形向来是菩萨像璎珞常用构成元素，四川唐代石刻菩萨像使用圆形尤其频繁，并直接影响到宋代。宋代菩萨像圆形璎珞除沿用以往造型元素外，更多采用了宋代盛行的圆形纹样，让人倍感新颖独特。依据形式差异，将圆形分为圆形套花、圆轮、圆环、钱纹或球纹、联珠纹五式。钱纹或球纹式是宋代菩萨像璎珞独具特色的几何纹元素，与宋代世俗装饰纹样密切关联。大足石门山第6窟宝经手、宝扇手观音像，两三个标准方孔圆钱纹点缀在菩萨像璎珞中，使神圣的尊像多了几分世俗情。

玛瑙纹流行于北宋晚期至南宋早期，为菩萨像璎珞重要元素。其造型酷似《营造法式》图样中的"胡玛瑙"纹饰。《蜀锦谱》记载有"玛瑙锦"，说明了宋代玛瑙纹在四川的流行情况。玛瑙作为佛教七宝（金、银、琉璃、玻璃、砗磲、赤珠、玛瑙）用品之一，用于菩萨像璎珞恰如其分。

如意纹分为单个如意纹与四合如意纹两式。前者在北宋晚期至南宋早期零星出现，至南宋中晚期成为璎珞主要元素，后者仅在个别实例中出现。

项牌盛行于南宋中晚期，作为菩萨像璎珞主要元素，成为该时期的标志特征。大足宝顶山大佛湾第11龛南宋菩萨像项牌（图69），下边缘由一个个如意纹构成，这与星子县陆家山窖藏出土宋代项牌有相通之处（图70）。

2. 璎珞组成元素——植物纹

植物纹也是宋代菩萨像璎珞重要组成元素，主要表现为花卉。造型多样的花卉穿插到菩萨像璎珞中，使璎珞更加华丽、美观。花卉纹广泛应用于菩萨像璎珞，是在宋代花卉纹样兴盛的背景下产生的，改变了唐代菩萨像璎珞以几何纹为主体的格局，具有鲜明的时代特征（图71）。

牡丹是北宋晚期至南宋早期菩萨像璎珞最主要的植物纹元素，与宝冠纹样一致，是宋人喜爱牡丹、将牡丹栽培种植技术南移四川的产物。

菊花纹作为璎珞的构成元素，在南宋中晚期迎来兴盛期，成为该时期植物纹的代表。在宋代，菊花迎来了大发展契机。北宋晚期出现中国历史上第一部菊谱，此后至南宋末年，共有八部菊花专著相继问世。南宋范成大《菊谱》："佛顶菊，亦名佛头菊。中黄，心极大，四傍白花一层绕之。"南宋史正志《菊谱》："楼子佛顶，心大突起，似佛顶，四边单叶。"宋代菊花纹形式多样，但菩萨像璎珞与宝冠中点缀的菊花纹造型高度一致，选取了以佛顶命名的菊花品种，或许是独具匠心的表现。

3. 璎珞配置方式

这一时期的璎珞配置方式较以往更加变化多端，可以分为胸饰璎珞与通身璎珞两类。胸饰璎珞是指璎珞集中装饰在上身（图72、图73），但是有长短之分。通身璎珞是指璎珞在上身与下身均有分布，具体分上下两段式与遍体式两种情况，两宋时期普遍流行，尤其在北宋晚期至南宋早期占据主导地位。

侧面观牡丹纹（大足北山佛湾第136窟南宋玉印观音像） | 侧面观牡丹纹（大足北山佛湾第136窟南宋白衣观音像） | 侧面观牡丹纹（大足北山佛湾第136窟南宋白衣观音像） | 上面观牡丹纹（大足北山佛湾第136窟南宋白衣观音像）

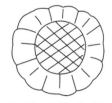

菊花纹（安岳石羊场华严洞左壁第四尊南宋菩萨像） | 菊花纹（大足佛祖岩华严三圣龛南宋普贤像） | 菩萨像宝冠菊花纹（大足宝顶山大佛湾第11龛南宋菩萨像） | 菊花纹（宋代银鎏金并头楼阁簪）

图71 菩萨像植物纹璎珞元素及对应实例线描（齐庆媛绘）

图72　大足北山佛湾第136窟－
南宋－日月观音像胸饰璎珞线描
（齐庆媛绘）

图73　安岳石羊场华严洞右壁
第一尊－南宋－菩萨像线描（齐
庆媛绘）

图74　大足妙高山第4窟正壁－
南宋－观音菩萨像（齐庆媛绘）

图75　福州南宋黄昇墓出土－镶
花边单衣（黄文智摄）

图76　大足北山佛湾第136窟－
南宋－玉印观音像（李静杰摄）

图77　大足石门山第10窟后壁
中尊－南宋－神像（齐庆媛绘）

图78　大足北山佛湾第133窟－
南宋绍兴年间(1131—1162年)－
水月观音像（陈怡安摄）

图79　大足北山佛湾第133窟－
南宋绍兴年间(1131—1162年)－
水月观音像线图（齐庆媛绘）

遍体式出现胸饰璎珞组合两侧璎珞的情况，如大足妙高山第4窟正壁南宋观音菩萨像（图74）。在以往并不多见，其出现似乎与宋代女子服装花边装饰关联（图75）。宋代贵族女子所着窄袖对襟背子，流行在领襟处装饰长条纹样，花边缀饰以泥金、印金、贴金以及彩绘刺绣，颜色艳丽、光彩照人，菩萨像帔帛两侧长条状璎珞似乎受到背子花边装饰的启发。

该时期有少数实例的上下两段式通身璎珞布局突破常规。上段是胸饰璎珞，下段璎珞刻画在花结长带上，璎珞由双圆环纹、玛瑙纹、方胜纹、牡丹纹等排列而成，如大足北山佛湾第136窟南宋玉印观音像（图76），酷似大足石门山第10窟作文官装束神像所佩长带上的装饰（图77）。

还有的璎珞甚至随着帔帛长达地面，也有的顺着络腋内外缠绕，繁缛华美达到极致。如大足北山佛湾第133窟南宋绍兴年间（1131—1162年）水月观音像（图78、图79），璎珞纵横交错，随意分布于身体的各个部位，形成繁密布局，为宋代璎珞新型配置方式。

| 图72 | 图73 | 图74 | 图75 |
| 图76 | 图77 | 图78 | 图79 |

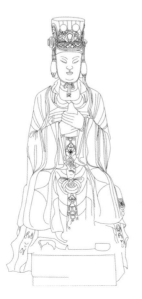

总结

通过以上分析将大足与安岳宋代石刻菩萨像分为前后两个阶段。第一阶段北宋晚期至南宋早期，11世纪80年代～12世纪70年代，菩萨像宝冠、服装与装饰物多样，富于变化，尤其在南宋绍兴年间达到极致，彰显了工匠丰富多彩的创造力（图80～图82）。卷草纹与牡丹纹宝冠造型灵活多变。袈裟、披风与络腋（或僧祇支、帔帛）与裙组合三类服装并行发展，在唐、五代原有造型基础上不断创新。耳饰、手镯与璎珞应有尽有，璎珞更是得到前所未有的发展。

第二阶段南宋中晚期，12世纪80年代～13世纪40年代，菩萨像宝冠、服装与装饰物趋向统一（图83～图85）。宝冠纹样虽然繁缛，但显单调。袈裟成为服装的主流，其

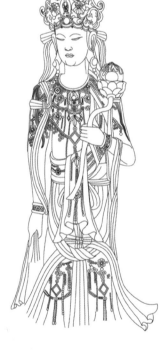

| 图80 | 图81 | 图82 |
| 图83 | 图84 | 图85 |

图80 大足北山佛湾第136窟－南宋绍兴十六年（1146年）－数珠手观音像（李静杰摄）

图81 大足北山佛湾第136窟－南宋绍兴十六年（1146年）－数珠手观音像线描（齐庆媛绘）

图82 大足石门山第6窟－南宋绍兴十一年（1141年）－宝珠手观音菩萨像线描（齐庆媛绘）

图83 安岳石羊场华严洞右壁第一尊－南宋中晚期－菩萨像（李静杰摄）

图84 安岳石羊场华严洞左壁第四尊－南宋中晚期－菩萨像线描（齐庆媛绘）

图85 安岳茗山寺第2龛右侧－南宋中晚期－菩萨像线描（齐庆媛绘）

他两类服装处于衰退态势。耳饰消失，手镯造型单一，胸饰璎珞模式化，通身璎珞几乎消失。该时期繁缛细密的高大宝冠与简洁宽松的袈裟形成鲜明对比，呈现疏密有致的艺术效果。

大足与安岳宋代石刻菩萨像进入一个崭新发展阶段，服饰不仅继承唐、五代传统，更多地撷取世俗文化因素，深刻反映了佛教造像世俗化、地域化的发展进程。牡丹纹宝冠系四川宋代菩萨像造型的创举，是宋人酷爱牡丹及牡丹栽培种植技术南移四川的产物。钩纽式袈裟与僧人袈裟同步发展，如实地反映了宋代袈裟革新的情况。菩萨像裙装长带花结精巧美观与世俗服装花结装饰紧密相连。装饰物的发展，离不开世俗首饰制作发达与装饰之风盛行的氛围。珠串耳坠直接体现了宋代上层社会女子所戴的珍珠耳坠，宽体雕花手镯再现了宋代锤鍱手镯的面貌。璎珞几何纹元素中方胜纹、钱纹或球纹、如意纹，无一不是宋代世俗社会兴盛的吉祥纹样，而植物纹元素中牡丹纹、菊花纹也深受世人喜爱。大足与安岳宋代石刻菩萨像巧妙地融入世俗文化因素，并进一步创新发展，形成了鲜明的地域和时代特征。

总而言之，大足与安岳宋代石刻菩萨像，不仅是佛教雕塑史上一颗璀璨的明珠，还是中国雕塑史上不朽的丰碑。艺术家赋予菩萨像诸多美好的造型语言，将神圣的尊像人格化，深深感染了世人。菩萨像雕刻细腻、技精艺绝，造型水准达到了令后来者难以企及的高度。

谢谢大家！

（注：本文根据2021年4月22日敦煌服饰文化研究暨创新设计系列学术讲座第十一期的主要内容整理而成。）

魏　丽 / Wei Li

魏丽，北京服装学院美术学院讲师；以色列特拉维夫大学东亚系访问学者；中央美术学院设计学院，设计艺术历史与理论研究专业，艺术学博士；中央美术学院人文学院，美术史专业，博士后。博士论文《敦煌绘作制度研究》荣获中央美术学院设计学院2015届博士研究生优秀毕业论文。

敦煌"考工记"

魏　丽

我今天报告的题目是《敦煌"考工记"》。

《考工记》是设计学的必读书目，相信大家应该非常熟悉。成书于春秋战国时期的《考工记》不仅记录了当时手工艺技术的发展，更重要的是，从文字当中我们能体会出当时工匠的造物观念和设计思想。所以本次报告大胆借用了《考工记》这个题目，以此来考察敦煌艺术背后工匠的工作方式和设计观念，展现出敦煌灿烂艺术成果背后的系统、合理的工作方法和行之有效的组织结构。

今天的内容主要分为以下三个部分：第一部分是敦煌壁画中的尊像画；第二部分是拜占庭壁画中的圣像画；第三部分是东西方绘画艺术的比较。通过以敦煌为代表的中古时期东方佛教艺术，对比中世纪以巴尔干地区为代表的拜占庭艺术，来看存在于中古时期和中世纪的壁画背后工匠具体的绘制方法以及工匠们的组织结构。

一、敦煌壁画中的尊像画绘制

这部分研究主要着眼于敦煌北朝时期的壁画艺术。在这一时期，千佛像和说法图是最重要的表现内容，几乎出现在了北朝时期的所有洞窟之内。从图1中可以看到，千佛像主要出现在壁画的上半部分，渐由四壁向窟顶四披发展；说法图主要出现在壁画的中间位置。

1. 千佛像的绘制

通过对洞窟的实地考察和对画册的反复观察，我们可以发现各窟千佛图像布局严密。在成行的千佛间都有条白色水平线，画工借此来确定每行佛像间的行间距，每身千佛像的中轴线位置上有一条朱红色线，画工应该借此来确定每列佛像间的列间距，并以此来调整单身佛像的左右对称关系（图2、图3）。因此，画工很可能是依据着一整套严密的辅助线来完成千佛的绘制。

通过对敦煌早期所有石窟内出现的辅助线进行收集，可将常见的线条排列形式分为5种（图4），将这些线迹合并后可以得到辅助线合并图（图5）。从图中可以发现，辅助线与千佛的头光、身光、颈部、领口等这些关键转折位置是一一对应的，从而说明辅助线与标准佛像的绘制密切相关。

另外，在莫高窟北魏第257窟北壁说法图中残留有数条水平排列的朱红色线（图

6），将这些色线描摹后得到图7，这应该是画工在绘制千佛时留下来的辅助线，通过将图7进行上下左右四个方向的延展，得到一张网状比例格图8，如果依据图5中对千佛关键位置的定点，在这张网格内依次添画佛像，最终形成了一幅和石窟壁画一致的千佛图像（图9）。据此可见画工应该是在具体绘制之前先通壁绘制了网格辅助线。

　　我们由此可以推测出当时画工的绘画步骤。首先，画工用朱红色墨线弹出数条纵横相交的长直线，形成一张网状比例格（图8）；其次，画工以佛像的头光、身光、头部、颈部、肩部、手部、莲座等关键位置为定点（图5），在比例格内填画出千佛的基本尺寸和比例关系；再次，画工直接用笔勾出佛像的基本轮廓（图9）；最后，进行敷彩和矫正，并完成榜题的题写（图10）。

图1	图2
	图3
图4	
图5	图6	图7
图8	图9	图10

图1　莫高窟－北周第428窟

图2　莫高窟－北魏第263窟－主室南壁千佛

图3　莫高窟－北魏第461窟－主室南壁千佛

图4　千佛像中常见的朱红色线的排列形式

图5　千佛辅助线合并图

图6　莫高窟－北魏第257窟－北壁说法图局部

图7　莫高窟－北魏第257窟－北壁辅助线复原图

图8　比例格

图9　比例格内填画的佛像

图10　千佛图

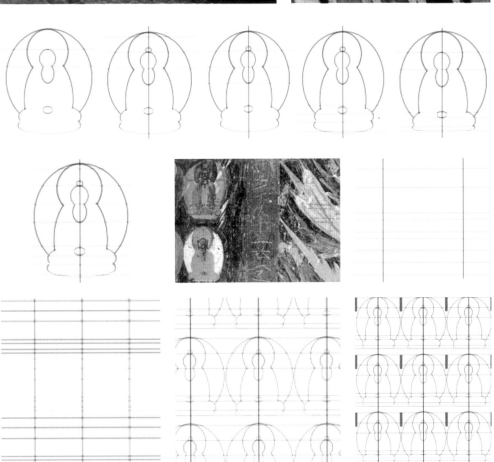

2. 主尊佛像的绘制

在北魏、西魏大部分洞窟的说法图中也发现存在着数条横向水平排列的朱红色线迹，而且这些说法图周围也都环绕着千佛（图11、图12）。这些朱红色的线迹很可能就是当时的画工为了绘制千佛，通壁绘制的比例格，然后又不经意留在了主尊佛像的画面当中，那么这些绘制千佛的朱红色线迹是不是只是残存下来的，而没有其他作用了呢？

针对这个问题，我又描摹了6幅出现在早期洞窟说法图中残存的线迹，并将线迹进行合并处理（图13）。发现部分线条分别与佛像的头光、背光、身光的顶端，以及佛像的螺髻、发际线、下颌、颈部、手肘、膝部等位置对应。由此推断出当时的画工很可能也借用了部分千佛辅助线，确定出主尊佛像的关键位置。

另外，在部分洞窟中我们还发现，有的说法图中出现的辅助线延展开，与绘制千佛的辅助线完全没有关系，这些线条可能是专门用来绘制主尊佛像时留下的辅助线。

说法图中的主尊佛像是洞窟壁画中的重点描绘对象，主尊佛像绘制工作应该是更加耗时和复杂的，这也要求主尊佛像的辅助线要更加精密，主尊佛像会借用部分绘制千佛的辅助线，然后根据自己的需要再添加其他辅助线（图14），最终形成一个更加复杂精密的比例格，最后，画工再依照佛经规定对佛像进行具体描绘。

3. 绘制方法的变化

自隋代开始，已经基本看不到利用比例格来绘制标准佛像的方法。主要由于敦煌自隋唐开始石窟形制发生变化，中心塔柱窟被覆斗式窟取代，唐代的覆斗式窟和五代、

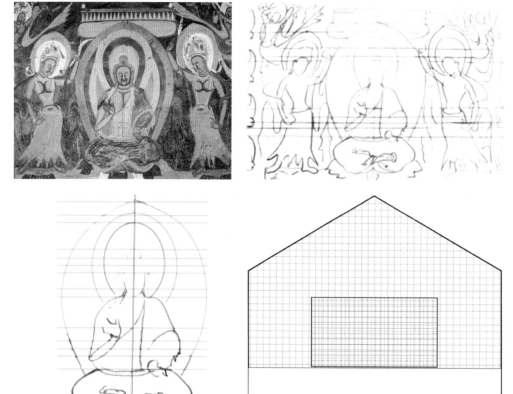

图11	图12
图13	图14

图11 莫高窟－北魏第251窟－北壁说法图

图12 莫高窟－北魏第251窟－北壁说法图辅助线复原图

图13 尊像画的辅助线复原图

图14 通壁绘制的比例格

宋的背屏式窟都更适合绘制宏大的经变画，早期的尊像画逐渐退去，早期在墙壁上方绘制的千佛也移到了覆斗顶洞窟的四披位置，使用比例格绘制佛像的方法也发生巨大变化。唐代画工主要靠大小两个交叠的圆形来确定佛像基本比例和佛像头光与背光（图15、图16），之后便直接起笔勾画，这种绘制方法更加简单快捷。

由于辅助线的简化，画工为了更好地控制佛像间的相似性，主动缩减了佛像尺寸，这时千佛像的尺寸只有早期洞窟中千佛像一半的大小。

到了五代、宋时期，出现了一种更加流行有效的绘制方法，就是刺孔粉本。画工借用几条坐标线确定出佛像的大体位置后，将刺孔粉本扑粉上壁，移去粉本再完成勾画和填色等工作。在敦煌藏经洞出土了一件刺孔粉本（图17），其佛像的华盖、手印、袈裟、莲花座等都与曹氏归义军时期的千佛形象相似（图18）。

这一方法既简单又快速，而且又能保证图像之间高度的相似性，所以这种方法在五代时期非常流行。刺孔粉本的方法使得单身千佛的相似性更容易达到，所以这时期的单身千佛像尺寸变得非常巨大。这一行之有效的绘制方法也同样出现在了说法图的绘制当中。

整体来看，千佛像的绘制由早期的比例格，到唐代的大小二圆法，再到五代、宋的刺孔粉本复制法。随着绘制方法的变化，千佛尺寸也不断变化，唐代画工主动减小了佛像尺寸来控制佛像间的相似性；五代时期由于刺孔粉本的精确性，画工刻意增大了尺寸来营造最佳绘制效果。

无论使用哪种方法绘制出来的千佛都形成了一种"佛佛相次，光光相接"的意境，这是因为画工们一直都沿用色彩循环交替法来创作丰富的视觉效果，画工通常通过变换佛像的头光、身光和服装的颜色，将四身或八身佛像组成一组（图19），交替循环排列，整体效果丰富。

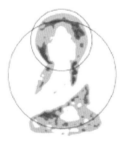
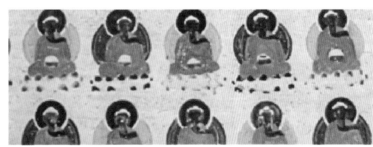

图15　大小圆交叠绘制法

图16　莫高窟－初唐第117窟－窟顶壁画局部

图17　敦煌藏经洞出土刺孔粉本

图18　榆林窟－五代第16窟－主室南披千佛像

段文杰先生在近距离地观察洞窟壁画之后，发现在画工赋彩之前已经——标明了颜色符号。由此可以表明，辅助线的使用、标号赋色等都是经过事先的周密设计，画工将感性的绘画进行了量化处理，将绘画过程转化为一种理性的、易于把握的标准程序。

4. 敦煌的工匠组织结构

敦煌壁画中的千佛像具有重复性和秩序感的特征，说法图中的尊像画具有规整性和严密性的特点，这是由于佛像绘制中辅助线的使用，赋色过程等诸多程序都被量化为标准模式，壁画绘制工作成为若干专业工匠共同协作的结果，绘画过程成为一种分工合作、流水线式的作业，这必须在一个系统的组织机构内才能完成。

图19　榆林窟－五代第16窟－主室南披千佛像

通过对10世纪文字记载，以及对敦煌藏经洞出土的9～10世纪文献资料的整理，发现在五代、宋时期的确存在着画院制度。在画院制度中有着不同的机构，它们相辅相成、互相补充，非常有体系化。官府画院中的工匠包括与营建相关的各行工匠，各行工匠都有最高领导者，他们都受"都勾当知画院使""都勾当画院使"的直接领导，同时，还有相应的监察和收营建工作的"画副监使"；官府作坊内也供奉着一批从事石窟营建和壁画绘制的专业人士，作坊中最高的管理者称为"作坊使"，专门管理绘事的称为"都画匠作"；民间画行不仅承担大量壁画和肖像画的创作，它还为沙州僧俗中的上层人士服务，也为沙州道俗上层人士、普通民众提供绘画服务。

这一时期营建的壁画当中，是否也可以看到画院制度的参与呢？以莫高窟第98窟为例，来看壁画中反映出来的画院制度。莫高窟第98窟作为曹氏政权一上台就营建的洞窟（首任节度使为曹议金），它是曹氏画院的工作模式和营建标准确立的最初形态。根据藏经洞出土文书P.3262（开工典礼仪式的发愿文抄件）记载："……9.落星流，共灵花而发彩。不延期岁，化成宝宫；装（妆）画上。10.层，如同忉利。十方诸佛，模仪以毫相真身；贤劫千尊，披莲齐臻百叶；四王护法，执宝杵而摧魔；侍从龙天，赤……"。文中的内容与第98窟内窟顶壁画绝大部分相一致，这说明在开工之前就已有了该窟壁画布局的初步设计方案（图20）。

另外，在藏经洞还发现了莫高窟第98窟维摩诘经变的画稿（图21、图22）。这个画稿影响了以后近6个洞窟的维摩诘经变绘制，说明了各窟直接以第98窟为底稿样本进行绘制的可能性。

美国学者胡素馨女士，在对榆林窟第32窟的两铺壁画进行长时间观察之后，认为该窟的劳度叉斗圣中，壁画主题和人物也均表现出标准化趋势。同时，段文杰先生也指出，这一时期榆林窟和莫高窟的各种经变画已形成固定格式，并且公式化严重。这些不同主题的壁画之间的相似性、标准化、公式化只有通过高度组织性的专门机构才

能实现。毫无疑问，曹氏归义军管辖下的画院就承担了专门机构的作用。

在画院的统一规范下，不同地区的图像都出现了标准化和模式化的倾向。通过对这时期工匠的壁画题记中具体的行政职务、姓名等内容的记载，和敦煌文献中出土的对工匠的具体等级和具体职能记载的梳理，发现在画院制度之内的工匠们，按都料、博士、匠、生的等级进行阶梯式管理，分工非常明确。

对于敦煌工匠的等级结构，不仅存在于壁画绘制之中或者塑像之中，还普遍存在于当时敦煌的各个手工艺行业之内，因为这种等级化的结构非常利于本行业技术的纵深发展，同时也非常利于不同行业之间的联系与合作。所以五代时期，整个沙州（敦煌）已经进入了一个高度繁荣的手工艺时代。

在隋唐时期敦煌已有专门从事壁画绘制和塑像制作的专业团队，基于制作材料、技术的不同还会对工匠进行细分，这将绘制工作划分为更多相对独立的步骤，也使每一名画工更加专业化，绘画也更加规范化。根据敦煌文献 P.2049背《后唐同光三年正月沙洲净土寺直岁保护手下诸色入破历计会牒》的记载："造菩萨头冠（金银匠及钉叶博士）、造佛焰胎（塑匠）、修土门（工匠）、造小佛焰子（塑匠）等。"

整体来看，在等级结构中，工匠是专为某项具体的工作而被培训的，主要负责人是相对固定的，培养了专业化制作团队。工匠内部的等级结构促成了稳定的、制度化工作体系的产生，反过来又形成了模式化和标准化的艺术形式。这种艺术形式不仅存在于壁画中，也存在于塑像和洞窟的营建中。通过对敦煌工匠的考察，可以发现敦煌莫高窟整个石窟的营建工作能够顺利进行，是由于上层阶级参与了石窟的营建工作，培养了一支非常专业化的营建队伍，在这一过程当中又确立了敦煌石窟的工作模式，进而形成了共有的价值与规范体系。

二、拜占庭壁画中的圣像画

拜占庭帝国（Byzantine Empire，395—1453年），即东罗马帝国，延续了近千年，共历经12个朝代，是欧洲历史上最悠久的君主制国家。它一般被人称为"罗马帝国"。到了17世纪，西欧的历史学家为了区分古代罗马帝国和中世纪神圣罗马帝国，便引入了"拜占庭帝国"这一称呼。

从6世纪开始，拜占庭艺术形成了标准模式，这为帝国各行艺术的发展奠定了基础。从9世纪开始，拜占庭教堂壁画已经形成了一种成熟的、相对固定的格式，十字交叉型集中式的大穹顶教堂建筑形式，以及依附于教堂内部壁画具体的布局模式，都形成了一个比较标准的样式，这使拜占庭艺术向周边扩散开，为相邻地区基督教艺术的发展提供了参考框架。拜占庭艺术也为12世纪巴尔干地区艺术的发展也提供了肥沃的土壤。

1. 巴尔干地区的圣像画

本次报告主要以巴尔干地区传承下来的拜占庭艺术为代表进行研究。通过对塞尔维亚重要教堂考察之后，发现中央集中式教堂建筑非常典型，在教堂内部的壁画具体布局方式也有着一定的规律，都是拜占庭式层次化布局原则，不同时期营建的教堂内壁画的题材基本一致：上层绘"圣母像"或"圣母与圣婴像"；中间绘"使徒的圣餐"；下层为"圣徒和先父们神圣的礼拜仪式"（图23）。

通过选取其中圣像画来进行近距离观察之后，发现它们之间存在高度的相似性，通过透叠处理，发现圣象基本吻合，只是在一些细节上略有差别。说明当时的画工可能使用了同样画稿来绘制不同的人物。同时，对出现在不同位置上的圣图像同样也做了透叠处理，发现整个大轮廓和比例关系是完全一致的，画工为了区分人物的不同，只是添加一个颧骨或者改变服装的色彩，或者添加胡须来使人物变成不同的人物形象。这也说明当时的画工除了使用同一画稿之外，他们应该集体参与了培训，而且圣像的

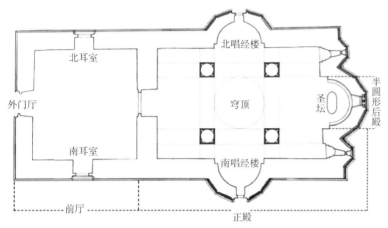

图23　塞尔维亚教堂平面图

图24　塞尔维亚国王教堂内北壁
壁画局部

图23　　图24

绘制可能是某个固定的画工来进行绘制。

在这样一个相对平稳的绘制环节当中，一定需要一个内在的稳定支撑。塞尔维亚尼曼雅王朝的统治者们为营建工作提供了一个稳定而有效的内在支撑。国王们亲自参与壁画绘制标准的设定，如斯图代尼察修道院壁画是由斯特凡·尼曼雅和圣萨瓦亲自设计的，画工们绘制的其实是王室所认可的艺术样式（图24）。壁画布局的模式化、技术手段的规范化，其实是统治者对工匠的工作模式和创作方案的规范化和标准化的结果。

2. 拜占庭工匠的组织结构

通过对保加利亚特尔诺沃画院资料的整理，初步还原出工匠绘制壁画的基本梯队。中世纪巴尔干地区的壁画绘制工作通常由3~4个画家组成一个小组，包括一个大师、一个助手和几个学徒。世俗像和主要圣像是由一位画家绘制；小圣徒像是由另一位画家描绘的；位于光线昏暗和很难被人看到地方的小圣徒像很可能是由学徒绘制。这样的绘制梯队不仅在保加利亚地区存在，很可能是塞尔维亚甚至是巴尔干地区普遍存在的一个绘制模式。

之所以说保加利亚绘制壁画的梯队模式适用于塞尔维亚，是由于两地在地理位置上毗邻。通过直接观察壁画，会发现两地的壁画非常近似，保加利亚和塞尔维亚之间的宫廷文化也非常相似。所以当时的画工梯队不但一致，有的时候两地可能雇佣同样的画工，因为在巴尔干地区非常有名的画工通常是来回游走的。这一梯队模式，甚至适用于拜占庭帝国。通过对家族谱系的整理，发现当时拜占庭帝国的属国与拜占庭皇室之间关系错综复杂，有婚姻关系，也有密切的血缘关系，这使不同地区的宗教艺术都以拜占庭为主导，并保持在一个相当高的水平之上。

三、中古时期东西方绘画方式的比较

1. 整体绘画系统的比较

敦煌石窟的营建在一个非常系统化的体系当中，上层阶级的积极参与，营造了一个稳定的绘制环境，在分工合作与稳定的绘制环境之下才呈现出来今天我们看到的如此精彩纷呈的敦煌艺术。

巴尔干地区、拜占庭地区以及位于东西方之间的穆斯林宗教建筑，在建设和内部装饰过程中也都是非常系统化的过程，工匠有明确的等级分工合作，上层社会统治者积极参与营建过程。

2. 具体绘画过程的对比

首先，在拜占庭圣像画的绘制过程中，使用了大量的手稿，前面提到在敦煌藏经洞中也是发现了当时画工绘制壁画的画稿（图21）。

图25 带有比例格的画稿（希腊科孚岛出土）

其次，在希腊科孚岛（Corfu）意外发现存在有刺孔粉本，这与中国的刺孔成本作用相同，它们都是为了高效复制同一幅图像，而在画像轮廓线上刺出连续的小孔，然后上壁拓扑留下线迹。希腊画工经常在一幅画中同时使用2～3种粉本，而敦煌五代、宋时期的画工为了使千佛像有更丰富的变化，他们也会同时使用好几种粉本。

另外，在科孚岛也出土了带有比例格的画稿，与敦煌的比例格一样都是纵横相交的长直线组成的网格，在网格内都有画家留下的色标提示（图25）。

但是仔细对比看希腊科孚岛与中国敦煌的比例格，可以发现它们其实有很多不一样的地方。虽然都使用纵横方向的线条形成网状的比例格，但在具体结构上，科孚岛比例格的结构是等间距的小方格，而敦煌比例格是由间距不等的若干组线条组合而成。在使用目的上，敦煌直接在墙面上通壁绘制比例格，确保画工在墙壁上直接确定佛像的基本形态。而科孚岛小方格主要是画家将画面转移到更大或更小比例的作品中去，旨在另一个平面上再现图像。有时，在小方格比例格旁还附有详细的图像说明，确保复制图像的准确性。

无论是希腊的比例格还是中国的比例格，都是经过一个精确的计算，这使艺术创作成为一个容易把握的理性逻辑过程，保证了绘画的准确性。但这种绘画理性，似乎不像中国人的逻辑习惯，很可能是从西方传来的一种绘画技术。

3. 敦煌石窟中西方工匠的参与

通过对比以敦煌为代表的尊像画以及以巴尔干地区为代表的拜占庭圣像画，它们有着很多的相似性。那么流传于丝绸之路沿线的画稿，以及游走于东西方之间的画工，无疑为中国带来了一些新的绘制方法。

《汉书·郡国志》称当时的敦煌是"华戎所交一大都会"，敦煌是西方文化东来的最初浸染地和中国文化西传的重要基地。敦煌为画家们提供了一个广阔的艺术平台，敦煌石窟不仅有西来的画稿画样，而且还有大量西方画工的直接参与。

早在北朝前后，一些具有鲜明粟特文化色彩的画稿和粉本就已在汉地流传并使用，如"胡人牵骆驼"像，分别出现在了山西太原的虞弘墓、出自中国北方而现收藏于日本京都Miho美术馆的石棺床画像以及北齐娄睿墓壁画中，说明当时中国北方已存在着

图26　敦煌佛爷庙唐墓出土－骆
驼画像砖

图27　唐代安国相王孺人唐氏
墓壁画－胡人牵驼

图26　｜　图27

大批的粟特籍石工、画工（图26、图27）。

在敦煌北周时期的壁画题记中，发现有很多胡商的题记，向达先生指出："莫高窟p129/c89号窟原为魏代所开，唐人重修，窟内供养人像上题名一面书回纥字，另一面书汉文'商胡竺……'诸名，是莫高窟诸窟中亦有西域人施割财物之所修者矣"。胡商很可能直接从西方带来了画稿画样和绘制壁画用的胡粉香料，甚至还参与了洞窟的设计与规划。

图28为莫高窟第290窟中心柱西向龛沿胡人驯马图，观察壁画中的人物面部特征，是典型胡人形象，其穿着也非中原的服饰。图29为莫高窟第297窟胡人乐舞图，壁画中的胡人在树底下唱歌、跳舞、弹琴、喝酒，可见当时的画工对胡人的生活场景和娱乐场景非常熟悉，那么很可能有一位来自粟特的画工参与了壁画的绘制。由此可见，在敦煌石窟的营建工作中一定存在着大量的粟特籍工匠，特别是在早期，他们可能承担了洞窟形制设计、壁画布局、画稿选取、壁画绘制等工作。

姜伯勤先生根据考察塔吉克斯坦和乌兹别克斯坦两座古城内的壁画遗迹，初步断定敦煌隋代的第390窟和第244窟的画工就是粟特人。他认为："片治肯特地区有一壁画遗迹，所绘鲁斯塔姆故事的壁画均用联珠纹样作为边饰而分割开来，其形制与敦煌隋第390窟、244窟以联珠纹分割画面如出一辙。"

当时的粟特画工选用具有自己民族特色的艺术形式来绘制壁画，并逐渐开始引领当时艺术的趋向，他们以一种新的来自中亚的艺术形式来塑造中国这种具有公众性的佛教艺术。所以姜伯勤先生甚至还提出了"粟特画派"这个概念。这些从中亚而来的粟特人，不仅带来了具有自身特点的中亚文化形式，还带来了西亚甚至是欧洲的文化特点（图30、图31）。

在莫高窟隋唐壁画中有大量的玻璃器皿，据学者分析，这些玻璃器皿或是拜占庭式，或是萨珊波斯式。这些西来的艺术样式很可能就是由在中亚生活的波斯人和粟特人带来的。在莫高窟北区发现了大量萨珊波斯的银币，还发现了胡人木俑，甚至祆教神祇。凡此种种，都表明以九姓胡人为主的粟特人的艺术在当时的流行。

在敦煌其实一直生活着大量的粟特人。在6世纪时，在敦煌以东大约900公里的凉州（姑臧），当时已经建立了粟特人的聚落。7世纪初隋炀帝曾大规模地招徕外族，这应当是粟特商人大举东来的重要时机。日本的池田温先生认为敦煌最早是在隋代，最

图 28　莫高窟－北周第290窟－
中心柱西向龛－沿胡人驯马图

图 29　莫高窟－北周第297窟－
胡人乐舞图

图 30　阿夫拉西阿卜壁画人物
衣饰－联珠翼马纹

图 31　莫高窟－隋第402窟－平
台边饰

| 图 28 | 图 30 |
| 图 29 | 图 31 |

晚是在7世纪中叶建立了粟特人聚落，到8世纪中叶敦煌已存在相对完善的粟特人聚落。在唐朝统一的帝国建立后，大多数在唐朝直辖州县区域内的粟特聚落基本变成乡里，聚落的粟特民众逐渐分散开来，这些粟特人逐渐开始被汉化。

根据荣新江先生的研究，与其他外来民族比较，粟特人或粟特后裔在华的人数要远远多于波斯人、印度人、吐火罗人，甚至多于比粟特诸国还近的西域诸国人，这是数百年来大批粟特人入华，并且入仕中原王朝的结果。

陆庆夫、郑炳林先生认为，吐蕃统治时期的敦煌存在着大量的粟特人，上至吐蕃统治政权，下至各行各业的手工作坊，甚至寺院僧人中也有为数不少的粟特人，而且有一部分粟特人成为当时敦煌社会的代表人物。郑炳林先生认为，敦煌的粟特人既信祆教又信佛教。另外，敦煌藏经洞中曾出土了一批粟特文佛典。

敦煌文书P.2621《发愿文》记载："二都督唱道于尧，三部落使和声应，百姓云集，僚吏同携，建一所伽蓝，兴百口之役。千梁偃塞，上接仙途；数仞降基，傍通李径；檐垂天隙，攘列横定，周匝四廊；徘徊五达，负良工之架回；或登或凋，尽图尽之奇能；既丹即，东彩药师之变，妙极地方，西图净土之容，信兹极乐。维摩问疾，方丈虚容，素像神仪，光浮赫弈。此旬功毕大会，即时亦有专使中传尚命，虔跪尊前，飞驿速临，故来庆赞。"发愿文中的安公勤于"伽蓝之建"，则必信仰于佛教，"此旬功毕大会"也足见安公对营建工作的重视，他很可能直接负责了当时的指挥和设计工作。身居要职的"安景旻"为粟特安氏家族，聘请粟特籍知名工匠来领导壁画的绘制工作。

到了五代、宋时期，胡人的生活方式已经被当地民众接受和效仿，西域文明从思想意识到日常生活给中国社会带来的影响日益加深。

结语

敦煌艺术从北朝至中古时期一直在一个非常宽容的环境之下，我们今天才得以看到如此灿烂的艺术形态。

敦煌壁画中的比例格很可能就是随这些西方画工而来的新技术，但敦煌比例格的结构和最终目的又不同于西方，很可能比例格到达敦煌后，逐渐开始变异，形成一种适合本民族使用的新形式。这一新形式所发挥的作用是有效的、长期的。在清乾隆时西番学总管漠北工布查布译《佛说造像量度经》中关于绘制佛像的比例格与敦煌早期比例格结构和作用都极为相似（图32），用来确定立式佛像足底位置的辅助线也与敦煌第249窟南、北壁说法图中立式佛像相应位置所残留线迹相似（图33）。

图32 ┃ 图33

图32　清乾隆时西番学总管漠北工布查布译《佛说造像量度经》

图33　莫高窟－第249窟南、北壁说法图－立式佛像局部

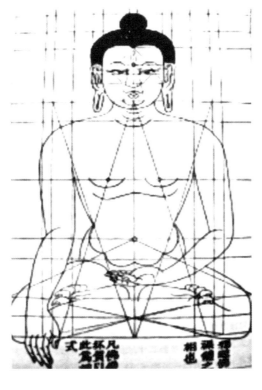

　　辅助线这种外来的绘制技术，进入中国后按照中国人的宗教要求和民族习惯发生变化。同时，辅助线在以后的中国佛像绘制中不断地完善，逐渐形成一般佛像绘制的比例格，以示其制作规范，这种图像绘制模式不断流传和完善，从而塑造了绘制佛像的职业传统，并对后世产生深远影响。

　　谢谢大家！

　　（注：本文根据2021年7月6日敦煌服饰文化研究暨创新设计系列学术讲座第十二期的主要内容整理而成。）

董昳云　吴　波 / Dong Yiyun　Wu Bo

董昳云，清华大学美术学院染织与服装设计系博士研究生，主要从事传统服饰文化、敦煌壁画服饰、时尚管理等方面的研究。硕士就读于英国伦敦威斯敏斯特大学（University of Westminster），学习时尚商业管理专业，2014年于清华大学美术学院染织与服装设计系获得学士学位。

吴波，清华大学美术学院副教授、博士生导师，全国高校艺术教育专家联盟主任委员，山东省非物质文化遗产研究中心研究员、学术委员会委员，北京市高等教育自学考试委员会课程考试委员。致力于服装设计方向与传统服饰文化研究，并进行跨界装置、纤维、绘画等艺术创作。

莫高窟天王戎装与历代世俗武士戎装的关联及演变

董映云　吴　波（通讯作者）

摘　要： 本文通过对敦煌莫高窟天王戎装演变脉络的梳理，以及与汉地历代世俗武士戎装发展的对比，比较二者之间的异同，得出莫高窟天王与世俗武士戎装有较为契合的发展时段，在不同时期也各有相异之处，莫高窟天王戎装的演变脉络体现其特有的时代性、地域性，以及为宗教服务的一致性结论。

关键词： 天王戎装；莫高窟；世俗武士；关联；演变

敦煌莫高窟在塑造天王形象时，遵循佛经的造像仪轨，通过形象化的图像语言表达佛教奥义。天王服饰在演变的过程中往往被赋予世俗的喜好，多模仿现实中武士的戎装，并在此基础上根据各朝代的审美与信仰需求，赋予其服饰时代特征。那么，莫高窟天王戎装的演变脉络是否能够反映世俗武士戎装的发展过程？天王戎装与世俗戎装之间存在哪些异同？

1. 演变脉络的异同

敦煌莫高窟北魏至北周属于天王造像早期，处于对佛教义理和外来图像积极借鉴的初级阶段，可在天王造像中发现来自犍陀罗、萨珊及西域等地的形象元素。其胸甲为 W 型结构，如坎肩披挂在前胸，领口处连接盆领，搭配短甲裙和腰布，如西魏第285窟主室西壁所描绘的四大天王（表1）。需要指出的是，该时期中原地区已普遍流行裲裆甲和明光甲，天王戎装在入隋之后，方才逐渐引入描绘中原流行的铠甲，因而，敦煌早期所塑造的天王戎装并未体现汉地世俗戎装的特征。裲裆甲虽然未在天王戎装上展现，但在西魏第285窟主室南壁的五百强盗成佛图中有所描绘，骑兵身穿的裲裆甲前后两片甲衣呈倒梯形状，战马披挂完备的具装。裲裆甲源自裲裆，也作"两当"，《释名·释衣服》曾记载："裲裆，其一当胸，其一当背，因以名之也。[1]"裲裆初作内衣，至西晋末年，成为可外穿的裲裆衫。至南北朝时期，裲裆衫成为不限性别和等级的常服，也可作为朝服穿着。因其前后配甲可起到防御作用，裲裆也被应用于军戎服饰，为南北朝时期主要铠甲类型，在同一时期的陶俑和石刻上也多有表现。

隋至初唐，莫高窟天王造像风格与镇墓武士像、民俗门神等汉文化交融，逐步向中原武将形象靠拢。入唐后，世俗戎装的甲制种类增多，甲胄的材质越加丰富，根据《唐六典》卷十六记载："甲之制十有三：一曰明光甲，二曰光要甲，三曰细鳞甲，四曰山文甲，五曰鸟锤甲，六曰白布甲，七曰皂绢甲，八曰布背甲，九曰步兵甲，十曰皮

表1　莫高窟各时代天王代表服饰与世俗武士戎装对比表

年代	各时期代表性天王	世俗武士	
北魏至北周	莫高窟－西魏第285窟－主室西壁－四天王（采自数字敦煌）	莫高窟－第285窟－主室南壁－五百强盗成佛图－裲裆甲（采自数字敦煌）	元熙墓陶俑－裲裆甲、明光甲（采自《中国古代的甲胄》下篇图20、图28）
隋至初唐	莫高窟－初唐第375窟－主室东壁北侧（采自《敦煌石窟全集：尊像画卷》图224）	莫高窟－初唐第312窟－主室南壁（采自《敦煌石窟全集：服饰画卷》图82）	白鹿原陶俑－明光甲（采自《中国古代的甲胄》下篇图40）
盛唐	莫高窟－盛唐第45窟－主室西龛内（采自《敦煌石窟全集：塑像卷》图135、图136）	莫高窟－盛唐第113窟－主室南壁－未生怨局部（采自《敦煌石窟全集：阿弥陀经画卷》图137）	莫高窟－盛唐第217窟－主室南壁－法华经变局部（采自《敦煌石窟全集：服饰画卷》图83）
中唐	莫高窟－中唐第154窟、榆林窟－中唐第25窟（采自《敦煌石窟全集：尊像画卷》图227、图232）	莫高窟－中唐第159窟－法华经变局部（采自《敦煌石窟全集：法华经画卷》图92）	莫高窟－中唐第240窟－西龛内南壁－弥勒经变局部（采自《敦煌石窟全集：弥勒经画卷》图104）

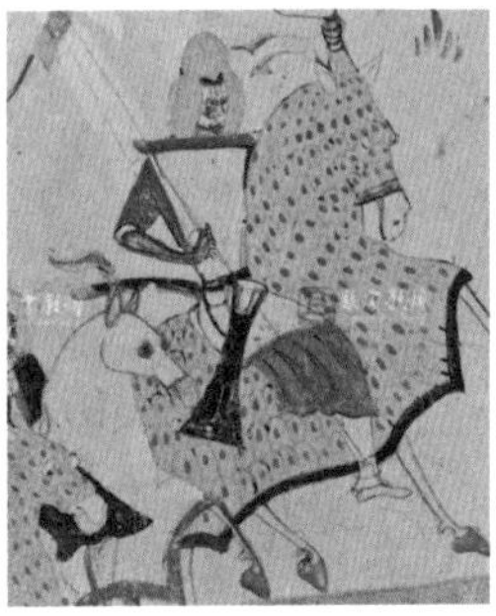

续表

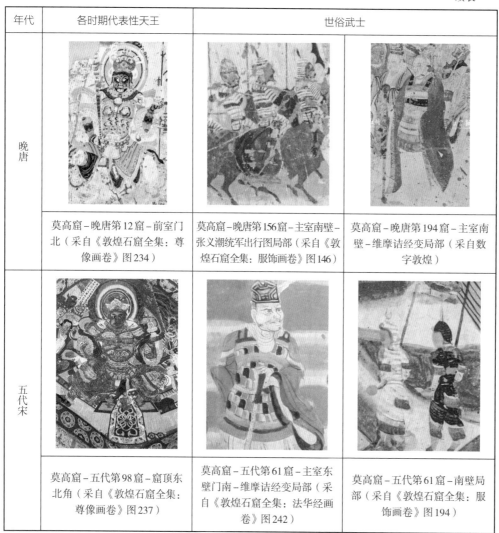

年代	各时期代表性天王	世俗武士	
晚唐	莫高窟-晚唐第12窟-前室门北（采自《敦煌石窟全集：尊像画卷》图234）	莫高窟-晚唐第156窟-主室南壁-张义潮统军出行图局部（采自《敦煌石窟全集：服饰画卷》图146）	莫高窟-晚唐第194窟-主室南壁-维摩诘经变局部（采自数字敦煌）
五代宋	莫高窟-五代第98窟-窟顶东北角（采自《敦煌石窟全集：尊像画卷》图237）	莫高窟-五代第61窟-主室东壁门南-维摩诘经变局部（采自《敦煌石窟全集：法华经画卷》图242）	莫高窟-五代第61窟-南壁局部（采自《敦煌石窟全集：服饰画卷》图194）

甲，十有一曰木甲，十有二曰锁子甲，十有三曰马甲……今明光、光要、细鳞，山文、乌锤、锁子皆铁甲也，皮甲以犀兕为之，其余皆因所用物名焉。[2]"汉地军戎装备的发展变化也反应在莫高窟盛唐时期天王造像上，此时期以明光甲制胸甲居多，在彩塑天王的塑造上，工匠常以丰富的色彩、立体的刻画、精致的纹样等方式，表达甲胄如铁、如绢布、如皮革的质地。

敦煌至中唐为吐蕃统治的一段特殊历史时期，文化交融给莫高窟带来了新的艺术形式，其中包括颇具异域风格的毗沙门天王像。北方毗沙门天王服饰转变为对襟长甲样式，增添异域神秘的装身具，如尖角状肩饰和X型圆护胸带等，此类型戎装在经变画或汉地武士陶俑中不曾见到。莫高窟中唐时期毗沙门天王的异域长甲为其独立信仰盛行的产物，其戎装参考了当时中亚、西亚武士普遍穿着的长身甲，并受到琐罗亚斯德教（祆教）及犍陀罗造像的影响。自盛唐起，在部分经变画，如法华经变、观无量寿经变、弥勒经变，时常描绘世俗武士，头戴兜鍪，兜鍪覆盖脖颈，肩部有披膊，铠甲形制较为简练概括，全身覆盖甲片。由此可知，莫高窟中唐时期天王戎装的演变脉络受毗沙门天王信仰的影响，表现出与世俗武士戎装不同的发展路径。

归义军时期，张义潮起义使敦煌重回大唐，莫高窟天王戎装的发展进一步汉化，由中唐的单尊立像向坐姿群像形式转变，服饰回归唐前期的传统样式，保留部分中唐装身具，并增添繁复的祥瑞装饰纹样。归义军时期的世俗武士，也如前文提及，穿戴兜鍪和全副装甲，例如晚唐第156窟主室南壁张义潮统军出行图中的骑兵。曹氏归义军时期，天王造像在位置上突破前朝传统，将四天王绘制于窟顶四隅的券进式结构中，试图通过密法结坛的形式，祈福统治安稳、国泰民安[3]。宋之后，因天王的信仰渐衰，莫高窟的天王造像也随之减少。

综上，莫高窟壁画和彩塑所记录的天王戎装演变脉络，与汉地世俗戎装的发展过程并不能完全吻合，但可间接地体现其演变趋势，具有敦煌特有的时代性、地域性和艺术性。佛教初入中土之时，敦煌的工匠多为西域画师，或者是以西域画师为主的工匠团队[4]，外来的文化艺术元素大量地装点着莫高窟，该时期的天王戎装也带有浓郁的异域文化特色。入隋后，莫高窟天王形象逐渐与中原武士靠近，穿戴已在南北朝时期流行的裲裆甲与明光甲，唐朝前期（初唐和盛唐）社稷恒昌、丝路繁荣，莫高窟艺术在盛唐时期得到繁盛的发展，彩塑类天王造像，无论在数量抑或是工艺水平均达到新的高度，工匠以写实或艺术化的手法，表现出盛唐时期世俗武士戎装丰富的甲制种类与不同材质。安史之乱后，大唐在西北的势力颓降，吐蕃趁机抢占河西、陇右要塞，于贞元二年（786年）占领敦煌[5]，开启六十余年的统治。吐蕃在西北的征战导致文化、宗教在动荡中迅速交替置换，饱受战争迫害的百姓寄托祈愿于毗沙门天王，这两点主要原因导致莫高窟在中唐时期广为流行来自于阗的毗沙门天王画稿，其戎装带有明显的异域特色。张氏归义军重新夺回敦煌统治权后，在中唐天王戎装造像的基础之上，唐前期的样式重回主流，归义军时期天王造像在组合、位置、姿势等方面有新的发展，汉化及本土化为其演变主旋律。宋之后天王造像数量减少，但世俗武士戎装继续演进，直至火药等武器的发明，铠甲类的重装甲戎装逐渐退出历史舞台。

2.形制与装饰的异同

如前文所述，莫高窟隋至盛唐时期天王戎装的演变较为契合世俗戎装的发展。盛唐第31窟主室四壁内描绘众多穿着戎装的佛国人物，据实地考察共计天王、天龙八部等22身，数量之多为莫高窟罕见。其中主室东壁门北侧，一位天王身着裲裆甲搭配大袖襦裙（图1），胸部和腰部有绳和带系束，着装与盛唐第194窟维摩诘经变中国王身旁的仪卫相似（图2），相似的仪卫也出现在如晚唐第12窟、五代第100窟等维摩诘经变画中。《隋书·礼仪志》中记载，隋代武官之服，平巾帻、武弁搭配袴褶为主，"侍从则平巾帻，紫衫，大口袴褶，金玳瑁装裲裆甲。[6]"《旧唐书·舆服志》记载[7]，武官常服以平巾帻，搭配起梁带、衫或袍，如遇大仗陪立，五品以上及亲侍加裲裆腾蛇。其中腾蛇"以锦为表，长八尺，中实以绵，像蛇形"[8]，当指天王胸前有几何纹样描绘

图1　图2

图1　莫高窟－盛唐第31窟－主室东壁－门北侧天王（董畎云绘）

图2　莫高窟－盛唐第194窟－主室南壁－维摩诘经变仪卫（摘自数字敦煌）

的束带。根据文献记载，第31窟的天王与第194窟的仪卫，所穿着的裲裆甲搭配大袖襦裙的服饰（除天王首服外），应是文献所载的武官大仗陪立时的着装规格。

另外，为拉开佛国人物与世俗凡夫的距离，天王戎装往往在世俗武士戎装的基础上增添宗教神异。首先，天王首服与世俗武士的头部护具存在明显差别（表2）。莫高窟天王造像的早期，其首服主要表现为菩萨冠和鸟形冠，隋代出现兜鍪和三面宝冠，盛唐时期，彩塑类天王的首服以束发无冠和兜鍪为主，壁画类则多佩戴菩萨冠，镶嵌火焰宝珠，飘带系扎。中唐时期，北方毗沙门天王信仰盛行，其造像区别于其余三位天王，毗沙门天王常佩戴三面宝冠，与其对偶的另外三位天王则以佩戴兜鍪为主，该造像特色在中唐之后一直延续，在归义军时期天王首服更加繁复华丽，增添了鸟翼或鸟羽等象征胜利、骁勇的装饰。

表2 莫高窟各时代天王与世俗武士首服整理表（自绘）

年代	天王				世俗武士
北魏至北周	菩萨冠				兜鍪
隋至初唐	菩萨冠	兜鍪	三面宝冠		兜鍪
盛唐	菩萨冠	兜鍪	三面宝冠	束发无冠	兜鍪
中唐	三面宝冠	束发无冠			兜鍪

续表

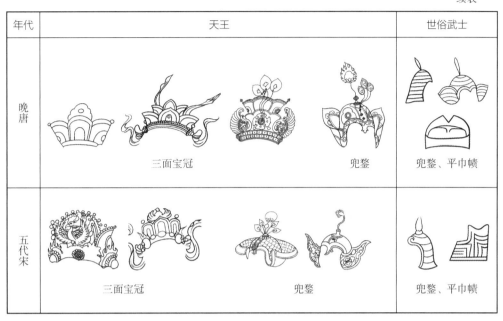

年代	天王		世俗武士
晚唐	三面宝冠	兜鍪	兜鍪、平巾帻
五代宋	三面宝冠	兜鍪	兜鍪、平巾帻

　　其次，为表现天王富有统领震慑药叉鬼神、庇佑众生、护佑安泰等强大的神力，在其服饰上增添丰富的装饰。天王胸甲的圆形胸护在初唐、盛唐常描绘花卉纹，中唐时期转变为人面纹，具有震慑、令人生畏、不可被征服、护世护法等宗教寓意，至晚唐五代时期，部分圆护装饰龙纹，不仅蕴含天王不容侵犯的威严，而且体现了其造像逐步世俗化的演变趋势。工匠在塑造天王形象时，常借助勇猛的动物来体现天王的神勇，部分成为纹样装饰在天王戎装上，如圆护中的龙纹，有的则转换为服饰的部件，如天王戎装的披膊，在盛唐、晚唐及其以后常表现为兽首，手臂从兽口中穿出，因而被称为"兽首含臂"[9]，常见的有摩羯鱼首、狮首、龙首等样式。再如天王戎装的护腹，可能受到汉地兽面门额、兽面瓦当的影响，也常表现为虎头或狮头，充满獠牙的兽口衔住腰间的革带，为天王增添威武凶猛的气势。

　　再次，为凸显天王的气势磅礴、来去自如的法力神通，工匠通过对佛国世界的想象在服饰上进行艺术化的修饰与美化。天王发束飘带，头后装饰头光，身环披膊，迎风舞动。在部分天王的头顶装饰华盖，强调其遮挡魔障护佑佛法的作用。中唐毗沙门天王前胸佩戴的圆护胸带在晚唐五代时期逐渐璎珞化，圆护转变为佛教传统的严身轮，在腿裙间也垂挂璎珞，成为腿裙的装饰。天王的护臂及胫甲，相较于世俗护具赋予多样的宝石及甲片。在天王戎装的塑绘过程中，为表现其庄重威严、通真达灵的气概，天王的腿裙多呈现为向上飘扬的状态，腿部的衬裙前短后长，露出腿部的胫甲。自中唐开始，天王肘部袖型的表现由写实向抽象化过渡，多转变为石绿色向外发散的叶片状，应为画匠处理褶皱的一种艺术化、神化的绘画手法。

　　3. 不同宗教对戎装的寄寓神化

　　宗教信仰始于古代先民对生死的畏惧以及对安泰生活的寄托。先民对于自然规律、生老病死等认知尚未全面掌握，认为在现实世界外，存在超自然的神力，并将其通过人格化的想象加以崇拜。当人们遭遇不幸和苦难时，希望通过祭祀、膜拜等方式获得救赎或解脱。在武将等神祇的塑造中，创造令人产生敬畏感的神圣性是各地域宗教体

图3 太阳神月神浮雕–叙利亚巴尔米拉出土–约1世纪上半叶（采自巴黎卢浮宫博物馆网站）

图4 片治肯特第六号遗址55室北墙的武士–约7世纪末至8世纪初（采自 *Legends Tales & Fables In The Art Of Sogdiana*，图52）

图3　图4

系的共有特性。不同程度地将世俗武士的戎装神异化，主要表现在头光、服饰纹样等方面。

　　不同宗教对于骁勇善战形象的塑造具有共同之处。太阳光、月光对于古人是神圣的象征，在人类艺术发展的进程中形成了相似的表达形式，这种对光明的向往也被映射于那些能够带领信众从灰暗困苦走向希望的神祇身上。曾有学者将中外造像艺术中对光的表现归纳为三种类型，即以放射线、圆环及火焰的形态来表达光芒[10]。叙利亚巴尔米拉（Palmyra）出土的一件石刻浮雕作品（图3），将太阳神与月神表现为全副武装的将领，在脑后以放射线表示光芒，体现其神圣、光耀的特质。片治肯特第六号遗址55室北墙的粟特武士（图4），肩部燃起熊熊火焰，焰肩造像在阿富汗的迦毕试地区3～4世纪的佛像上也十分普遍，凸显对火与光明的崇拜。此外，粟特武士脖间挂珠宝项链，前胸装饰卷草纹样，肩膀的披膊为兽首含臂样式，有学者认为该兽首为犬，源自袄教对于犬神的信仰[11]。将带有神话色彩的动物形象融入艺术创作，不仅强调其动物崇拜，也为武将增添神力。

4. 结语

　　莫高窟天王戎装的演变脉络与汉地世俗戎装的发展路径并不能完全吻合。在北魏至北周以及中唐时期，莫高窟天王戎装的发展表现出敦煌特殊的时代性与艺术性。隋至盛唐时期莫高窟天王戎装的演变与世俗戎装的发展接近，在戎装形制上与同时代的世俗戎装较为契合，如裲裆甲搭配大袖襦裙的仪卫着装。归义军时期，则增添神异繁复的装饰，因画院规模作画，具有程式化的特征。古代宗教如佛教、袄教等，对于武将形象的塑造具有共通之处，为表现武将类神祇的神通法力，常在世俗戎装的基础上增添宗教神异，如首服、头光、装饰纹样、服饰状态等方面的刻画，来增加宗教人物与凡夫俗子的距离感。

参考文献

[1]王先谦，龚抗云，等．释名疏证补[M]．长沙：湖南大学出版社，2019：234.

[2]李林甫，陈仲夫．唐六典[M]．北京：中华书局，1992：462.

[3]邵强军．敦煌曹议金第98窟研究[D]．兰州：兰州大学，2017：187.

[4]马德.敦煌古代工匠研究 [M].北京：文物出版社，2018：188.

[5]陈国灿.唐朝吐蕃陷落沙州城的时间问题 [J].敦煌学辑刊，1985(1)：1-7.

[6]魏徵.隋书 [M].北京：中华书局，1973：177.

[7]刘昫.旧唐书 [M].北京：中华书局，2000：1313.

[8]欧阳修.新唐书（卷二十四志第十四车服）[M].北京：中华书局，1975：521.

[9]李静杰，李秋红.兽首含臂守护神像系谱 [J].艺术史研究，2016.

[10]赵声良.光与色的旋律——敦煌隋代壁画装饰色彩管窥 [J].敦煌研究，2021(3)：1-12.

[11]程雅娟.从中亚"犬神"至中原"狻猊"——古代天王造像之"兽首吞臂"溯源与东
传演变考 [J].南京艺术学院学报：美术与设计，2017(5)：6-14.

侯雅庆　李轶潇　吴　波 / Hou Yaqing　Li Yixiao　Wu Bo

侯雅庆，清华大学美术学院染织与服装设计系硕士研究生在读，主要从事服饰设计、传统服饰文化研究。2020年于西南大学纺织服装学院服装与服饰设计专业获得学士学位。

李轶潇，清华大学美术学院染织与服装设计系博士研究生在读，主要从事服饰设计、中国传统服饰文化和古代纺织工程相关的研究。硕士毕业于香港理工大学服装及纺织品设计专业，获得文学硕士学位。

吴波，清华大学美术学院副教授、博士生导师，全国高校艺术教育专家联盟主委员，山东省非物质文化遗产研究中心研究员、学术委员会委员，北京市高等教育自学考试委员会课程考试委员。致力于服装设计方向与传统服饰文化研究，并进行跨界装置、纤维、绘画等艺术创作。

北朝至隋唐时期女性披袍形制及衍化考略

侯雅庆　李轶潇　吴　波（通讯作者）

摘　要：针对北朝至隋唐时期女性披袍类型和形制问题，文章运用文物考古和史料文献两维印证的研究方法，得到女性披袍形象是胡汉交融产物的结论，即其服制的形成和发展体现出不同民族服饰文化间存在"涵化"现象。研究表明：①披袍是一种外披于肩的带袖袍服，其服饰形象曾广泛出现于北朝至唐代的墓葬陶俑和壁画图像中，从最初的军戎服饰或某种职业象征逐渐向日常实用演变；②女性披袍形态主要有斜襟和对襟两种，大身的外轮廓基本一致，其造型变化主要体现在领型和袖型的局部形制上，既反映了各朝代的服饰特点，也展现出多个民族在服饰形制上相互借鉴的痕迹；③从形成特点和传播路径来看，披袍这一服饰是胡汉文化交错传递、互动融合的结果，在接受、适应与反抗中相互渗透，从而延伸出的一种服饰文化，它既保有中原本土服制的特点，又吸收借鉴西北少数民族和西域地区的服饰文化因素，其实质是三方文化在服饰上的重新建构。

关键词：北朝；隋唐；女性披袍；形制；路径

北朝出土的陪葬陶俑中有一些独具特色的女性披袍形象，也见于同时期至隋唐的敦煌壁画和其他墓葬壁画中，其形制和穿着方式展现了多元文化交融的特征。目前，学术界针对北朝至隋唐时期女性披袍的研究更多地停留在文化交融层面，认为披袍本是男子装束，而女性披袍则是一种女效男装、女着胡服的时代现象，反映了胡汉交融的文化背景对传统"男女有别"观念的冲击与重构，同时将披袍归为广义的胡服体系，认为其形成和发展是鲜卑、粟特等多元文化相互影响的结果[1]。此外，对于"披袍"的具体形制和造型特点，尚未见到学术界有进一步的研究，因此，本文将以"披袍"这一服饰为切入点，参考出土陶俑遗存和墓葬壁画，对女性披袍形象进行重新分类，并对披袍形制进行探究，进而通过分析"披袍"的形成特点和演化路径来反观北朝至隋唐时期文化交融的"涵化"特点，希冀对还原北朝至隋唐时期的女性"披袍"服饰面貌有所启示。

一、北朝至唐代女性披袍形象的分类

文献中关于"披袍"的记载甚少且概念模糊，关于"披袍"这一服饰并无明确的

造型描述。同时，学术界对于"披袍"和"披风"常有混淆之势，认为两者可能是同
一种服装。所幸学者孙晨阳和张珂在其编著的《中国古代服饰词典》中对"披袍"进
行了定义，认为披袍是外搭于肩背的袍服，其衣身较普通袍服更长。虽然均为"披"
肩状态，但披风无袖，披袍有袖且两袖通常垂而不用，所以披袍的功用方式和披风类
似，相当于有袖的披风[2]，将"披风"与"披袍"进行了有效的区分。因此，笔者根
据上述定义，选取墓葬中出土的披袍女俑、敦煌壁画和其他墓葬壁画中的女性披袍形
象，对北朝至唐代时期的女性披袍服饰形象进行了分类整理。

1. 北朝至隋代的女性披袍形象

在北朝时期，披袍形象多现于王公贵族阶级的男性，也不乏女性披袍形象的出
现，如敦煌壁画北魏经变故事中可见最早的女性披袍形象。北周时期的敦煌第296窟
（图1）和301窟（图2）壁画中的两位女供养人画像披袍造型相似，均身披圆立领对襟
宽袖长袍，领口系带，衣长至脚踝，仪态端庄。敦煌壁画中的披袍样式和东魏茹茹公
主墓风帽女俑（图3）所穿的披袍造型类似，后者的衣纹走向更加清晰，可见圆立领相
交系于颈部的服饰细节。此外，北魏司马金龙墓（太和八年，484年）中也出土了头戴
风帽身穿披袍的女俑形象[3]，与前者对襟袍服的样式相比，该女俑则外披圆立领斜襟
袍衣，袖长及臀，衣长至小腿中部。同时期的封氏墓女侍俑（图4）和湾漳北朝大墓风
帽披袍仪仗女俑[4]的披袍造型如出一辙，均为圆立领的斜襟造型，可见当时的女性披
袍除了对襟也有斜襟的样式。

隋代"披袍"服饰的穿戴依旧流行，在造型上与北朝一脉相承，但披袍领型、袖

图1　莫高窟－北周第296窟－东
壁南侧－女子供养人像（《敦煌
石窟艺术·莫高窟第二九六窟》，
图65）

图2　莫高窟－北周第301窟－
女子供养人像（来源于数字敦煌
第301窟）

图3　东魏茹茹公主墓－风帽女
俑（线稿自绘）

图4　北魏封氏墓女侍俑（线稿
自绘）

图5　莫高窟－隋朝第296窟－
女子供养人像（《服饰中华》，
图6-11）

型变化更为多样。其中，敦煌莫高窟隋朝第296窟（图5）中的女供养人分别身披圆立领对襟窄袖披袍和"三角"翻领对襟窄袖披袍，袖垂于身体两侧，袖长至膝，其中前者在领形上完全继承了北朝时期的圆立领形态，只不过袖型较北朝时期有明显变窄的趋势，而后者的"三角形"翻领则是在隋代新出现的女性披袍翻领样式。此外，敦煌莫高窟隋朝第390窟（图6）壁画中的女供养人所着披袍也是"三角形"翻领，而第303窟男、女供养人群像（图7）中的披袍形象出现了"刀形"翻领的样式。另外，三组服装的衣长都在小腿和脚踝之间，此长度足够包裹身体起到保暖避风的功用。除领型变化外，隋朝时期的女性披袍在袖型上都变成了直筒型的窄袖。

2. 唐代的女性披袍形象

唐代是兼收并蓄的西域文化的典型时期，在服饰穿搭上呈现出一种开放态势，此时的女子披袍形象较北朝和隋代明显增多，从唐代出土的大量女性陶俑、墓葬壁画及敦煌壁画中可以得到印证。

关于唐代女性披袍的陶俑形象，在河北、陕西和甘肃等地的墓葬中均有发现。其中，陕西西安鲜于庭诲墓中的三彩披袍女俑（图8），衣纹线条清晰可见，该女俑肩披翻领对襟窄袖披袍，袖长至臀，衣长至膝[5]；甘肃庆阳穆泰墓也出土了两尊彩绘侍女俑，其一（图9）外罩褐色刀形翻领对襟披袍，双手拢于腰间，其二（图10）身披白色大三角翻领黑色袍服，双手在外袍内拱于胸前且手捧香囊[6]，两者的外袖均垂于两侧，

图6 莫高窟－隋朝第390窟－女子供养人像（《中国古代服饰研究》，图103）

图7 莫高窟－隋朝第303窟－北壁下部－女子供养人像（《敦煌石窟艺术·莫高窟第三零三窟》，图108）

图8 唐－鲜于庭诲墓－三彩披袍女俑（线稿自绘）

图9 唐－开元十八年（730年）－彩绘灰陶仕女俑（线稿自绘）

图10 唐－开元十八年－立式彩绘灰陶仕女俑（线稿自绘）

袖长至臀，衣长在小腿和膝盖之间。综上所述，唐代可见的女陶俑所着披袍均为对襟翻领且袖垂于两侧，但翻领形状不同，衣身长度多在小腿及脚踝之间，也有长度至膝盖的披袍款式，而袖型延续了隋朝时期的窄袖但长度明显缩短。

此外，唐代敦煌壁画中的披袍造型也较前代有细节的变化。与上述明显有领的披袍不同，敦煌壁画中还出现了直领对襟的形式，如中唐第154窟《南壁药师经变·供养斋僧》中的女性供养人（图11）服饰，其外披的袍服和初唐第334窟西壁龛内的维摩诘（图12）外着披袍应该是类似的。前者虽只有侧面图，但翻领状态不明显，笔者认为，从侧面领型的结构来看，女供养人的披袍领型和维摩诘所着的袍服领子形状是相同的，呈直领对襟状，衣身长度至脚踝。

除了女性陶俑和敦煌壁画，唐代的墓葬壁画中也出现了女子披袍形象，而这些墓葬完全反映出西域服饰特点。如新疆吐鲁番高昌景教壁画中的两位女性就肩披绿色和红色的披袍[7]（图13），其样式和隋朝390窟女供养人外披的袍服基本相同，均为对襟三角形翻领且翻领下垂程度一致，但是衣身长度较隋代短，大致在膝盖处，由此可见唐代女性披袍在造型上承袭隋制，同时也反映出"汉着胡装"的现象在唐代比较常见，披袍就是胡汉交融在服饰文化上的印证。此外，陕西礼泉李思摩墓壁画中也出现了女子披袍形象（图14）：该墓墓道西壁一侍女头戴黑色软帽，内着圆领袍服，身披红色窄

图11　莫高窟－中唐第154窟－供养斋僧

图12　莫高窟－初唐第334窟－西壁龛内－维摩诘服饰（笔者自绘）

图13　高昌景教壁画中披袍女性

图14　李思摩墓室西壁－《二仕女图》

袖对襟袍服，双手捧一胡瓶[8]。由于壁画年代久远且该女子形象呈侧面站姿，无法清晰辨认其衣纹痕迹，因此笔者根据其领型和系带方式推测该披袍为圆立领对襟窄袖披袍，其领型很有可能和隋代敦煌壁画第289窟女子供养人所着的披袍领型一样，承袭了北朝圆立领旧制。由该女子的面容形象和壁画主人的身份背景来看，该女子应为胡人，其所着披袍当是胡汉交融的见证。

至此，笔者根据上述梳理，对北朝至唐代的女性披袍类型进行了整理和归纳，如表1所示。

表1　北朝至唐代女性披袍类型

朝代	披袍形态	领型	袖型	衣长	功用
北朝	对襟	圆立领系带	宽袖，袖长至脚踝	衣身长度至脚踝	遮风保暖审美造型
	斜襟	圆立领			
隋朝	对襟	圆立领	袖宽较北朝呈变窄趋势，袖长至膝	衣长在小腿和脚踝之间	
		"刀形"翻领			
		"三角形"翻领			
唐朝	对襟	圆立领	1.窄袖居多，袖长有两种形式：一种袖长至膝，一种袖长及臀 2.宽袖较少，袖长至半臂处	衣长在小腿和脚踝之间或衣裳及臀	
		"刀形"翻领			
		"三角形"翻领			
		直领			

二、北朝至唐代女性披袍形制概述

关于"披袍"的造型，学术界众说纷纭，无论是墓葬报告还是专家学者都给予了不同的定义，且并未对披袍的形制进行系统的讨论。通过对北朝至唐代女性披袍样式的分类，笔者认为"披袍"是一种外披于肩上的带袖袍服且服饰形态有斜襟和对襟两种。在造型上，"披袍"可以视为"披"和"袍"的结合，延续了袍的形制，但在穿着方式上选择了披的方式，外搭于肩背，衣身长度较普通袍服更长但也有衣长及臀的款式出现，虽然有袖但多为垂而不用。另外，从古汉字字源学的角度来看，商周时期甲骨文的"袍"（ ）字结构似乎能够给予披袍形制一些启发。"袍"字的右半部分为"包"字，其篆书形体形象地展现了一个人被包裹的状态，和衣字旁相组合，展现出"袍"是一种覆盖在外面并且包裹身体的服装形象。从"袍"字的包裹态势来看，披袍的下摆开合程度应该比普通袍服更大且下摆呈"大A"趋势。

此外，现有的出土物及壁画形象显示北朝至唐代的女性披袍有套头斜襟和对襟两种形式，只不过对襟的角度呈"I"和"X"型两种，笔者以三角翻领搭配窄袖的局部样式为例对披袍两种对襟形式进行绘制，如图15所示。事实上，对襟形制可以追溯至先秦时期，新疆等地均有对襟窄袖的服装出土且其形制都是上下连属制[9]。其中，新

图 15　披袍两种对襟样式（笔者自绘）

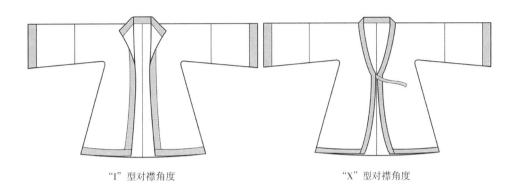

"I"型对襟角度　　　　　　　　　　　"X"型对襟角度

疆民丰县尼雅遗址出土的对襟锦袍为西北少数民族贵族男子所用[10]，佐证了在以"交领右衽"为主的中原地区，直领对襟形制的融合受到了西北少数民族的影响，而此形制也更适用于"披"的着装方式。

所以，在没有确切历史文献记载的情况下，对北朝至唐代披袍形制的考证，要充分利用各地墓葬出土陶俑和壁画中的着披袍女性形象，结合当时中原地区及相关少数民族服饰特点，尝试对此时期的女性披袍形象进行还原和探析，以得到相对可靠且具有一定说服力的结论。

三、北朝至唐代女性披袍的造型变化集中体现于局部样式变化

由上文可知，北朝至唐代的披袍形制其实本同末异，主要结构基本不变，只是因为服用人群和穿着场合的不同，在领、袖和衣长等局部形制上表现出细节差异。其中领型的变化尤为明显，随着朝代的演进变得更加丰富多样，但是，披袍的主体形制始终保持为斜襟或对襟袍服，外轮廓呈现趋于"大A"的形状。此外，披袍的衣身长度在各朝代间也有变化，但由于缺少出土实物和史料的印证，无法找到衣长与不同领型和袖型的对应规律，暂时无法对披袍的衣长进行深入论述。

1. 北朝至唐代女性披袍的领型形制丰富

女性披袍的领型变化可谓局部形制日渐丰富的点睛之笔，领子的形态从北朝时期的"圆形"立领发展至隋代出现了"刀形"和"三角形"翻领，唐代则是在继承前代形制的基础上形成了四种不同的领型（表2），其中直领对襟的女性披袍样式仅在唐代出现。

表2　北朝至唐代女性披袍领型

领型	对襟系带圆立领	斜襟圆立领	直领	小三角翻领	大三角翻领	刀型领
图示						

首先，圆立领是目前最早出现的女性披袍领型且贯穿于南朝、隋、唐三个朝代，但在具体领型上又有所区别，主要有斜襟圆立领和对襟系带圆立领两种。斜襟圆立领主要出现于北朝仪仗俑的披袍上，领形呈圆形，领口边缘立起，形如杯口[11]，两襟在领

下交叉，与圆立领相交，衣襟向左倾斜。而开襟系带圆立领则是在圆立领的基础上，从领中处开口并向上呈弧连接，领角系带，以对襟形式系于颈下。这两种领式明显与汉族"交领右衽"的主要形制迥异，从北魏时期的考古资料中清晰可见身穿圆领的人物俑且骑俑服用此领式的现象居多，因此圆领的形制应该来源于鲜卑等北方游牧民族。就功能性而言，圆立领可将人体遮挡得更为严密，保暖和抵御风沙性能优于交领，更适合北方少数民族的生活环境。隋唐时期，斜襟圆立领被对襟系带圆立领取代且开襟形式均为"I"型对襟，笔者认为，圆立领斜襟披袍与圆立领对襟系带披袍在形制上存在继承与发展的关系，后者在前者的基础上进行改进，对襟开合的方式更适合"披"的穿着方式。

隋唐时期女性披袍领型更为变化多端，除了圆立领形制还演化出直领和翻领披袍。直领即领"邪（斜）直而交下"，就是形制为长条形，下连衣襟，从颈后沿左右绕至胸前，平行地垂直下来[12]，多现于女性服饰中，但此领型在唐代供养人壁画中出现较少。相较于直领披袍，翻领样式在隋唐更具代表性。其次，受到西域服饰影响的翻领披袍样式在隋唐时期出现并流行，呈现"三角形"和"刀形"两种领型状态。"三角形"翻领是向外翻折的对称三角形领式，其开领位置决定了领面大小，领角可相交系带于腰间或胸前。从遗存图像可见，隋朝供养人壁画中的女性披袍多为"小三角"领式，而唐朝出土女俑则普遍身着"大三角"翻领披袍，开领位置由隋至唐有明显的下降趋势，展现了唐代包容奔放的女性服饰风尚；三角翻领的披袍领型明显有别于汉族传统服制，从北朝至唐代墓葬出土的胡人俑服饰和西域墓葬壁画上可见其渊源。如古粟特巴拉雷克城堡遗址壁画中遗存的女性就外着三角形翻领披袍[13]，其披袍形制与本文所述的披袍样式存在明显差异，但领子形态均为三角翻领。此时期出土的胡人俑形象中也出现了翻领的造型，学者姜伯勤认为翻领的样式来源于6世纪厌哒人或粟特人中的贵族阶级[14]。所以，披袍中的翻领造型明显借鉴了西域民族的服饰元素并加以融合。此外，"刀形"翻领披袍主要集中在隋朝的敦煌壁画供养人群像中，从壁画的直观形象来看，其领面为上窄下宽的梯形，领底边落于胸部。"刀形"的披袍领式较为少见，其形状和南朝梁元帝萧绎所绘制的《职贡图》（图16）中古波斯使者所着翻领袍服非常相似。由于同时期出土的陶俑和壁画中未发现更多此形状的翻领，所以其造型和来源还需进一步考证。值得一提的是，翻领虽然防风遮沙的功能性不及圆立领，但为内搭服饰提供了更好的展示空间，审美性表现更胜一筹[15]。

2. 北朝至唐代女性披袍的袖型变化多元

北朝至唐代女性披袍的袖型变化集中体现在袖宽和袖长上。从出土陶俑和壁画形象来看，女性披袍的袖型有宽窄两种，袖长短至半臂、长至脚踝（表3）

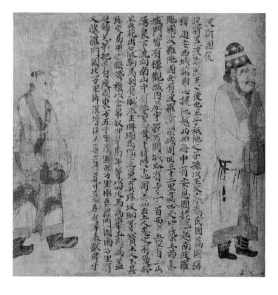

图16 《职贡图》中身穿翻领披袍的古波斯使者

表3　北朝至唐代女性披袍袖型

袖型	上窄下宽	直筒型	半臂
图示			

　　北朝时期的披袍袖式为宽袖，外轮廓呈上窄下宽的圆柱梯形。从北魏褶衣的袖型变化中我们似乎可以推导北朝披袍宽袖的演变过程。北魏时期的褶衣衣袖较窄，上下粗细均匀，其袖口随着鲜卑政权的日益稳固呈现出日渐宽大的趋势，但肘部上端依然保持窄细的状态，而宽大的袖口明显受到汉族宽博衣袖的影响[16]。所以，笔者推测，披袍的袖制是鲜卑等少数民族的窄袖形制和中原服饰文化相互影响下的产物，最终呈现出上窄下宽的披袍袖式。值得一提的是，目前所见的披袍形象均是以"披"的形式展现的，很有可能是由于宽袖且过长的袖子不适合日常行动，最终垂而不用，使披袍在功能性上和我们熟知的披风具有相同的作用。隋朝女性披袍与北朝在形制上一脉相承，此时的袖宽较北朝呈变窄趋势，壁画形象上均为直筒型袖式，袖长至膝。唐代的女性披袍则在袖式上沿袭了隋朝的窄袖但在袖长上出现了"半臂""及臀""至膝"三种长度，其中以"半臂"最具特色。《新唐书·车服志》载："半袖襦裙者，东宫女史常供之服也。"[17]由此可见，到了盛唐时期，女子在襦裙外罩一件"半臂"已经成为一种时尚，上文所述的唐代墓葬披袍女俑所穿的就是半臂披袍。事实上，魏晋南北朝时期的男子已有穿着半臂的习俗，而半臂的形制则是北方游牧民族传入中原地区的异族文化现象[18]，其优越的功能性被汉族服饰吸收借鉴，直至隋代以后，穿半臂的女性逐渐增多，最终从宫廷流向民间。所以，唐代女性披袍的半袖造型也是北方少数民族和汉族服饰文化相互影响的产物，在御寒的实用性上又能减少多层衣袖厚度带给穿着者行动上的累赘，因此在唐代尤为受到推崇[19]。

四、北朝至唐代女性披袍的形成特点和演化路径

　　女性披袍形象出现在北朝至隋唐时期的中原政权与北方少数民族反复冲突的时代背景之下，加之与西域各地的频繁交流，使其服饰特点和形成路径成为多种文化融合的印证，其中鲜卑和粟特服饰对披袍服饰的形成起到了决定性的塑造作用，在这个过程中扮演着融合者和传递者的双重角色。

1. 北朝至唐代女性披袍的形成特点

　　目前已知的女性披袍形象最早出现于带有鲜卑文化色彩的北朝墓葬中，游牧民族的迁徙特点使其服饰在中原地区得以传播。北朝墓葬中女性披袍俑的身份多为仪仗武士或侍从且分散于卤簿仪卫、伎乐、侍从、军卒等俑群中[20]，其披袍造型和同时期墓葬中的披袍男俑服饰极其相似，侧面反映出女着男装和女从男职的现象在北朝属于常见现象，所以披袍最初很有可能是作为军戎服装出现，抑或是某一种职业的象征，其功用是

为了便于骑射和防卫，也符合骑马民族简洁实用的服饰特点。隋代结束了南北朝长期割裂的局面，虽在服制上恢复秦汉旧制，但从众多出土实物中依稀可见胡汉交融的服饰特点，所以隋代的某些服饰依然延续了南北朝时期的样式，比如披袍形象就得以较完整地保留。及至目前，隋代墓中尚未见到有披袍女性陶俑的出土，女性披袍的形象多现于敦煌壁画和其他墓葬壁画中，穿着者的身份均为女性供养人，披袍也从军戎服饰向日常适用方向发展，起到遮风保暖与审美造型的作用。唐代是民族融合的集大成时期，在服饰上兼收博采，东西文明互动碰撞，文化的交融演进进一步推动了服饰的"异化"现象，风帽披袍的女性服饰形象被取代，披袍的局部形制在此时期发生了多种多样的变化。笔者认为，披袍属于袍的一种，而袍本属于男子常服，女子可着袍服和当时的社会背景密不可分。在唐代，女着男装的现象从宫掖流行至民间，袍服在当时也成为妇女的时新服饰。如陕西西安金乡县主墓出土的戴孔雀帽骑马女俑，即身穿圆领袍的服饰形象。唐代张萱所绘的《虢国夫人游春图》中也有两位女着男袍的骑马宫女形象。由此可见，女装男性化在唐代实属常见，其开放的服饰文化很容易接受风格多样的诸般胡汉服装样式。虽然唐代女子未见有供职武官的记载，但可效仿男性武者着其服饰。因此，笔者推测，披袍在唐代的适用场合除了日常起居之外，也可以骑射穿着，但它并不是像北朝时期一样成为一种职业戎装，而是兼具遮风保暖与审美造型需要，散发异样魅力的多场合适用服装款式。

2. 北朝至唐代女性披袍的演化路径

从女性披袍的服饰分类和形制上来看，它是中原本土服饰吸收借鉴西北少数民族与西域等地服饰文化因素，并在一定范围内共生发展，进而丰富完善的一种特殊的服装形制。我们无法断定披袍的本源具体属于哪一个民族，但是由上文的形制分析及披袍所属的时代背景可知，其生成过程是各民族服饰文化之间的一种"涵化"现象：一方面体现出鲜卑等游牧民族服制的汉化；另一方面是胡服对中原服饰的反向侵袭，在接受、适应与反抗中相互渗透，从而延伸出的一种服饰文化。笔者认为它不能完全被归结为胡服系统，而是在服饰与文化传播过程中经历了同化、借鉴与交融后形成的一种服饰文化符号。其次，仅根据出土文物和壁画图像无法对女性披袍的传播和形成路径给予准确的判断，但不可否认的是，披袍形制的形成和演变是北方少数民族、西域文化及中原服饰文化多元交汇的产物，其形成路径如图17所示。北朝作为目前已知最早的女性披袍形象结合了鲜卑、粟特等民族的服饰元素并沿袭至隋唐，以服装形象呈现出胡汉交融的丰富文化内涵。

五、结语

通过对北朝至隋唐时期女性披袍类型的梳理和造型的考释，使我们对女性披袍的穿着方式和形制有了更清晰的理解：它是中国在特定时期服饰文化的重要组成部分，也是多民族文化交融的重要印证，重新审视和还原披袍服饰造型，有利于完善

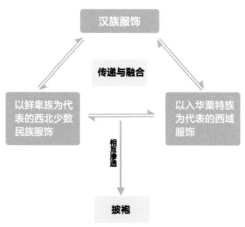

图17 披袍的形成路径

北朝至唐代的服饰文化与价值体系，为其形象的重新构建提供理论支撑。笔者认为，北朝的墓葬陶俑和壁画图像中的女性披袍形象是目前已知最早的女性披袍造型，在无更多史料发现的情况下，很有可能披袍成型的时期就在北朝，而隋唐则是在北朝的基础上逐渐变化，最终演变成只保留衣身对襟结构但领型和袖型变化多端的披袍样式。同时，各朝代的披袍形制存在明显的承袭关系且在局部形制上呈现出多样变化，以领型变化最为突出，从"圆立领"到"翻领"和"直领"的演化，既是在前朝的范式上承袭与变通，又借鉴吸收了胡服形制元素，从而形成了独树一帜的服饰风尚。对其形成过程的分析，可见披袍是多种文化现象历经迁移、变异与适应后折射在服饰上的表现，虽然在穿着方式和袍服形制上都带有明显的西北少数民族及西域文化特色，但不能将其完全归结为胡服系统。简言之，披袍这一服饰形象是多种文化交融的产物，反映出"夷歌成章，胡人遥集"的时代是开放包容的，也是这种文化背景造就了别具一格的披袍服饰文化。

参考文献

[1]杨瑾．胡汉交融视角下唐代披袍女俑形象新探[J]．中原文物，2022（2）：130-138.

[2]孙晨阳，张珂．中国古代服饰词典[M]．北京：中华书局，2015：584.

[3]山西省大同市博物馆，山西省文物工作委员会．山西大同石家寨北魏司马金龙墓[J]．文物，1972（3）：23.

[4]徐光冀．河北磁县湾漳北朝大型壁画墓的发掘与研究[J]．文物，1996（9）：69-71.

[5]中国社会科学院考古研究所．唐长安城郊隋唐墓[M]．北京：文物出版社，1980：59.

[6]庆阳市博物馆，庆城县博物馆．甘肃庆城唐代游击将军穆泰墓[J]．文物，2008（3）：32-51.

[7]林梅村．丝绸之路考古十五讲[M]．北京：北京大学出版社，2006：296.

[8]昭陵博物馆．昭陵唐墓壁画[M]．北京：文物出版社，2007：112-113.

[9]高春明．中国历代服饰文物图典[M]．上海：上海辞书出版社，2018：54-55.

[10]高春明．中国历代服饰文物图典[M]．上海：上海辞书出版社，2018：177.

[11]包铭新，李甍，孙晨阳．中国北方古代少数民族服饰研究1：匈奴、鲜卑卷[M]．上海：东华大学出版社，2013：147.

[12]刘熙，任继昉，刘江涛．释名·释衣服[M]．北京：中华书局，2021：372.

[13]杨瑾．胡汉交融视角下唐代披袍女俑形象新探[J]．中原文物，2022（2）：136.

[14]杨瑾，乔静瑶．隋唐墓葬出土袒腹胡人俑类型、特征与文化渊源[J]．中原文物，2020（4）：121-129.

[15]陈芳．明代女子服饰"披风"考释[J]．艺术设计研究，2013（2）：25-34.

[16]包铭新，李甍，孙晨阳．中国北方古代少数民族服饰研究1：匈奴、鲜卑卷[M]．上海：东华大学出版社，2013：150.

[17]欧阳修，宋祁，等．新唐书·卷二十五[M]．杭州：浙江古籍出版社，1998：165.

[18]黄能馥，陈娟娟．中华历代服饰艺术[M]．北京：中国旅游出版社，1999：151.

[19]王祺明，林瑶瑶．唐朝女性服饰的袖式研究[J]．服装学报，2017，2（1）：61-72.

[20]杨瑾．胡汉交融视角下唐代披袍女俑形象新探[J]．中原文物，2022（2）：134.

崔　岩 / Cui Yan

崔岩，女，博士，北京服装学院副研究员，敦煌服饰文化研究暨创新设计中心成员。研究方向为中国传统服饰设计创新研究。曾出版专著《敦煌五代时期供养人像服饰图案与应用研究》，编著《常沙娜文集》（合著）、《红花染料与红花染工艺研究》（合著），译著《日本草木染——染四季自然之色》（合译），文字统筹《敦煌莫高窟——常沙娜摹绘集》《黄沙与蓝天——常沙娜人生回忆》。曾在《艺术设计研究》《丝绸》《敦煌研究》等刊物上发表《柿漆在僧衣染色中的应用研究》《敦煌石窟回鹘公主供养像服饰图案研究》《蓼蓝鲜叶煮染工艺研究与实践》《唐代佛幡图案与工艺研究》等论文。任第三届丝绸之路（敦煌）国际文化博览会"绝色敦煌之夜"敦煌服饰艺术再现展演主创设计师，设计作品曾在国内外多地参加展览。曾参与完成北京市哲学社会科学"十一五"规划项目"中国敦煌历代装饰图案研究（续编）"，参与国家社科基金艺术学重大项目"中华民族服饰文化研究"、国家社科基金艺术学项目"敦煌历代服饰文化研究"。主持完成清华大学艺术与科学研究中心"柒牌"非物质文化遗产研究与保护基金项目"中国传统红花染工艺研究"和"中国传统紫根染工艺研究"，荣获"优秀研究成果"。主持在研国家艺术基金青年艺术创作人才资助项目"敦煌九色鹿"、教育部人文社会科学研究青年基金项目"敦煌唐代供养人像服饰图案研究"、北京社科基金青年项目"敦煌隋代图案研究"。

天然染色材料与工艺
——兼谈当前天然染色领域的几个常见问题

崔 岩

我是来自北京服装学院敦煌服饰文化研究暨创新设计中心的崔岩，很高兴今天有机会与各位同学、朋友谈一下关于天然染色的话题。本次分享是北京服装学院美术学院研究生课程"中国古代服装复原研究与实践"的一部分，我结合这个课程的需求，拟定了今天的题目，具体从三个方面展开，包括一个引子、五个专题和五个问题。

引子

引子是我想请同学们思考的一个问题：中国古代服装的色彩从何而来？作为我们复原研究和实践的对象，就其物质载体来说有很多不同的形式。这里我选取了唐代的几个侍女形象，分别为壁画、绢画、唐三彩和木身锦衣女俑（图1），除了最后一身女俑的服饰是真实面料制作的之外，严格意义上来讲，其他三张图中的服饰色彩应该是属于绘画和陶器的色彩，也就是矿物颜料或陶釉所表现的色彩，不能直接等同于真实纺织品的色彩。但是作为复原研究和实践的重要参考图像资料，我们又必须要了解多种介质的色彩特点，以便把握当时服饰纺织品的色彩究竟是什么样子。比如说第一张敦煌壁画中女供养人的服饰色彩就有明显的褪色和变色情况，此外，即便是考古发掘

图1 唐代侍女像（从左至右：莫高窟－初唐375窟南壁－女供养人像；舞伎图－唐；三彩釉陶女立俑－唐；木身锦衣仕女俑－唐）

的古代服饰，其色彩也受到埋藏环境等多种因素的影响，呈现出不同程度的偏离现象。这就需要我们对复原对象的材质进行深入考察，并将色彩来源、褪色或变色等情况考虑在内。但是归根结底，不同的艺术形式和材质表现的人物服饰都应尽量描摹真实面料的色彩，而要把握真实面料的色彩就需要了解传统天然染色材料与工艺，也就是说要了解古代服饰色彩是用什么材料染的（染材）以及怎么染的（工艺）。

在1856年合成染料发明之前，古代服饰面料是由天然染料进行染色的。我们如果想知道古代丝绸之路上曾经流行过哪些服饰色彩，必然要了解当时使用的染料品种和各自的属性。根据我对一些专家撰写的相关论文的不完全统计，总结出了大约30种染料，从中可以得到这些信息：可以染制蓝色系的植物染料只有靛蓝；可以染制红色系的染料包括植物染料红花、茜草、苏木，以及动物染料胭脂虫、紫胶虫，红色系染料存在产地多元化的特点；可以染制黄色系的染料品种最多，多为就地取材；可以直接染制紫色系的植物染料只有紫草；丝绸之路上的黑色毛织物多为自然色彩，可以染制黑色丝绸的染料有地域区别，也多为就地取材；所列染料的时间跨度为公元前、前秦（十六国）、南北朝、汉代、唐代、元代。也就是说，如果我们要复原在时间和地域上与之相近的服饰，我们就可以考虑使用上表中的染料进行尝试。也有同学会有疑问，古代的染料品种究竟有多少？这30种染料是否可以染制出丰富多样的色彩呢？其实学习过基础色彩知识的同学就知道，颜料有三原色：红、黄、蓝，这是三种不能再分解的基本色彩，通过这三种色彩的混合，可以得到绝大多数的色彩。所以前面表格中的染料所对应的色彩也就是红、黄、蓝这三种原色的色系，再加上紫色和黑色，即可满足绝大多数服饰色彩的需求。

我们再看一个案例，是日本正仓院对所藏七条织成树皮色袈裟（图2）的复原。这是天平圣宝八年（756年）日本圣武天皇七七忌日时，光明皇后向东大寺献纳的天皇生前的珍爱物品之一，其名称来自当时的"国家珍宝帐"清单中。其中涉及许多织造技术的问题，我们不做展开，只看这个复原案例中关于色彩的部分。用于复原袈裟的彩色丝线都是用传统天然染料所染，而染料品种的选择参考了正仓院古文书的记载。复原使用了18组经纬线，色彩约为15种，用了10种染材和2种媒染剂。从报告中我们可以看到，实际上由单一染料染成的色彩很少，大部分色彩是由两种或两种以上的染料套染或叠染而成的，再加上媒染剂的作用，也就可以解释古代为什么可以用数量不多的染材染出丰富的色彩效果。通过套染的方法，除了可以取得不同深浅的色彩，还可以有效提高色牢度，这是古人运用天然染色材料与工艺的智慧所在。

图2　七条织成树皮色袈裟正面
（8世纪中叶，日本正仓院藏）

一、天然染料的概念

有了引子的铺垫，接下来，我们开始正式的分享。天然染料是提取于自然界的植物、动物和矿物的染料。植物染料品种最多，大部分天然染料属于植物染料，比如染蓝色的蓝靛，染紫色的紫草根，染红色的红花、茜草根，染黄色的栀子、郁金、黄檗，染茶褐色的栗、柿涩等，染灰黑色的石榴皮、五倍子等。动物染料主要有胭脂虫、紫胶虫、贝紫等。而大多数矿物色属于颜料范畴，归属染料的很少，只有铁褐、普鲁士蓝等。天然染料具有易于采集保存、利于健康环保、色泽丰富柔美等特点。由于绝大多数天然染料是利用植物色素的植物染料，所以植物染色是天然染色的主要内容。通过来自日本草木染研究所柿生工房的色标可以看出，天然染料所染制色彩的色相、明度、纯度都可以达到非常多样化和明艳的效果（图3）。

为了更好地认识这些天然染料，根据其性质及染色方法不同，可将其分为直接染料、碱性染料、媒染染料、还原染料和特殊染料等。直接染料和碱性染料的特点是染制鲜艳的黄色、橙色、红色等单色；还原染料主要染制蓝色、紫色等；数量最多的是媒染染料，它通过色素与金属媒染剂的金属离子结合，呈现多种不同的色相。

1. 直接染料

第一类是直接染料。直接染料是指可以不使用媒染剂而能够直接染制蛋白质纤维及纤维素纤维等天然纤维的染料。使用直接染料能够染制黄色、橘黄色和鲜红色等鲜艳色彩，这是直接染料的基本特征。具有代表性的直接染料有姜黄、郁金、栀子、红木、红花、藏红花等。使用直接染料染色时，需要根据染料性质调节染液酸碱度（pH）和温度。当然，直接染料也可以借助媒染剂产生色调变化。我以红花为例来展开介绍一下。

红花学名Carthamus tinctorius（图4），原产于埃及，据记载公元前2500年前后，红花已在埃及用于染色。在印度及地中海沿岸，红花自古是当地非常重要的药用植物和染料植物。公元3世纪前后，红花经丝绸之路传入中国，我国古代称红花为红蓝花或黄蓝。红花传入我国中原地区之后，人们便利用它的红色素染制丝织品和纸张，或制作胭脂等化妆品，也是榨油、食用和药用的原材料，是重要的农作物和经济作物。唐代之后，红花的栽培遍及全国，以其鲜艳明亮的色泽成为染制红色丝织品的主要材料，据《天工开物》记载，大红色、莲红、桃红色、银红、水红色、真红、猩红等织物色彩都是由红花染制而成。

事实上，红花染工艺在我国已经失传多年，从文献资料入手，我们收集和整理大约一百七十余种记载着红花与红花染工艺的中国古代地理志、本草、农学、科技学和百科类著作，以及三十余首古代诗歌。这些资料涉及红花的属性、播种、采收、色彩，红花饼的特点与制作，红花色素的性质与萃取，使用红花制作化妆品或染色的工艺，以及对红花染制而成色彩的赞美等多个方面。例如明代严怡所作《红花歌》记录了红花从采摘到染色的过程以及所引发的历史反思，还有大家比较熟悉的《齐民要术》《天工开物》等文献也从不同方面做了记录。

除了文献之外，现存的纺织品文物中也不乏已经证明为红花染色的例子。这是我在埃及纺织品博物馆拍摄的包裹木乃伊的面料（图5），是比较早的红花染纺织品实物，还有新疆吐鲁番出土的唐代丝织品绛地白花纱（图6），中国丝绸博物馆团队研究检测的敦煌莫高窟出土六朝锦彩百衲、元代红色莲鱼龙纹绫袍红色缝线、敦煌悬泉置遗址出土汉代彩绢，以及日本东京国立博物馆收藏的奈良时代（710—784年）的红地七宝纹绞缬绢等，让我们感受到红花染流传千古的魅力。

但是针对一种以实际操作为基础的工艺来说，文献资料的记载确实具有一定的局

图3　天然染色丝线（日本草木
染研究所柿生工房染制）

图4　红花

图5　埃及亚麻纺织品残片（公
元前664—公元前332年）

图6　绛地印花纱（唐）

图3	图4
图5	图6

限性，有的较为零散、简略，有些还存在记录者与操作者之间信息错位等种种问题。出土或传世的以红花染制的纺织品文物，为我们提供了宝贵的参考样本，可以指导理论研究基础上对工艺操作方法的探索，但也是极为珍稀的例子。所幸的是，红花作为药用植物和经济作物在我国一些地区还有大面积种植，因此，从田野考察入手，我在2012年、2013年对国内外较为主要的红花产区进行了实地走访，如新疆昌吉回族自治州和塔城地区、河南卫辉等地。此外，红花在我国西南部的四川、云南和东南沿海的浙江也有少量种植。可惜的是，在我们当时调研的范畴内还没有发现以上国内红花产区保留有红花染工艺的遗存。后来我先生杨建军老师2008—2009年在日本东京艺术大学访学期间，偶然得知染料红花至今种植于日本东北地区的山形县，日本民间也保留了完整的红花色素萃取与染色技术。2012年，杨建军老师在山崎和树老师的指导下系统地学习了日本的传统红花染工艺，期间他在日本东北艺术工科大学和山形县的高濑红花种植基地、河北町红花资料馆、米泽市赤崩草木染研究所等民间染织工坊学习使用不同材料的红花染工艺技术。2015年，我在上海金泽工艺馆主办的红调之旅工作坊中，也有幸作为山崎和树老师的助手学习了包括红花在内的几种代表性红色染料的工艺技法。

　　基于以上的文献调研和工艺学习的经验，我们于2013年在北京实践了红花的种植和栽培，包括整地、播种、定株、除草、除虫、打桩拉线、培土、灌溉、施肥，直至红花开放后采摘和加工的全部过程，为染色实践提供了染材样本和操作经验。同时，我们对红花的加工和染色工艺逐步开展了实践。

　　我们知道，通常采摘红花之后一般将其晾晒为散红花，也就是在中药店里可以购买到的晒干的散状红花。其实，我国古人发明了专门针对传统红花染工艺的加工方法，即用鲜红花制作红花饼，这样不仅提升了红花中所含的红花素含量，还可以大大减少红花的体积，利于保管、贮藏、运输和交易。这种工艺在明代宋应星所著的《天工开物》中有详细的记述，这里展示的是我们按照文献的记载和现存日本的红花饼制作方法，实践了红花饼的加工（图7）。

然后我们实践了关于染液浓度、温度、染色鲜艳度等多个关键工艺程序的操作，通过工艺实践验证了红花染料的独特性与文化上的重要地位。红花在中国传统红色染料中地位为什么这么重要？传统红花染工艺为什么这么特殊？因为这一种染材中同时包含着两种色素，需要用不同的方法去萃取和染色。其一，红花中包含黄色素，这种色素在红花色素中所占的比例约为30%，分量较大，可通过清水或者偏酸性的溶液浸泡而得到。在国内的红花种植区，许多老百姓利用红花泡水、煮粥、做花卷，这都是在利用红花中的黄色素，这是一种天然的可食用色素。这种色素用于染色可用高温加热法，其性质不稳定，染出的面料色牢度也不是太好，因此在历史上并没有作为主要的黄色染料进行使用。其二，红色素在整个红花色素中约占0.3%，分量极低。其不溶于酸，而溶于碱。所以萃取过程复杂，是古代珍贵的红色染料。它不仅可以用于染色，还可以用于加工胭脂、口红等化妆品。萃取时，需要使用传统的乌梅水和草木灰水，前者偏酸性，用于去除黄色素——去除得越干净，那么后面的红色便越鲜艳；后者偏碱性，用于萃取红色素。将红花染液准备好之后，因为是用碱剂萃取的，染液也呈碱性，对入染面料有伤害，所以还要用酸性液（乌梅汁或食醋）调和pH值至中性，才能真正进行染色。此外，我们还通过改变染液浓度、染色次数等因素，获得不同浓淡的红色面料，进一步了解染液酸碱度变化对色彩呈现的影响（图8）。这些实践经验和理论成果后来逐渐形成书稿并正式出版，为我们所做的专题性的染料和工艺研究做出一点探索和总结。

2. 碱性染料

第二类为碱性染料，是指含有碱性氮原子的黄色素染料。这种染料易染蛋白质纤维而不易染纤维素纤维，所以需要对纤维素纤维进行染前单宁媒染处理。代表性碱性染料有黄檗、黄连、南天竹等。

以黄檗为例，黄檗为芸香科落叶乔木，又名山矾（图9）。黄檗分布于俄罗斯、中国东北、朝鲜半岛、日本等地。黄檗树干的黄色内皮，是贵重的药材，作为整肠剂具有良好的健胃作用。同时黄檗内皮含有丰富的黄色素，是自古以来染制黄色的重要植物染料。黄檗生于山野，高达数丈，夏天开黄绿色花，树木外皮呈灰白色，内皮鲜黄。黄檗与蓝靛复染，可以得到不用色阶的绿色，《天工开物》中就记载了几种黄檗与靛蓝

图7 | 图8 | 图9

图7 红花饼

图8 红花黄色素和红色素染制的面料与丝线

图9 黄檗

的套染法："鹅黄色：黄檗煎水染，靛水盖上……豆绿色：黄檗水染，靛水盖……蛋青色：黄檗水染，然后入靛缸。"黄檗包含的色素为黄连素（Berberine），属于碱基性色素，可以在弱酸性染液中染毛纤维或丝纤维，染棉纤维时需要先以单宁媒染处理。

同时，黄檗因其具有防虫的作用，传统裱画师经常将黄檗粉调入糨糊中，以免淀粉类的糨糊遭到蛀虫啃食。此外，传统上还用黄檗煎煮的染液染制黄纸。英国大英博物馆曾出版了一本书 *Berberine and Huangbo: Ancient Colorants and Dyes*，是关于含有小檗碱的黄檗如何用于敦煌藏经洞文书纸张染色的研究，如果感兴趣可以找来读一下。

3. 媒染染料

第三类为媒染染料，绝大部分天然染料属于媒染染料。所谓媒染即以媒染剂作为纤维和染料之间的媒介，帮助、促进染料染着于纤维并起到发色及固色作用的工艺程序。染料与金属媒染剂的结合物使原本的色彩产生变化，因而可以通过不同媒染剂的变化使用，使同一染材显现丰富多彩的色相、明度及纯度变化。

在认识媒染染料之前，我们先来看看什么是媒染剂。在天然色素染着于天然纤维的过程中，起到发色、固色作用的天然媒染材料称为天然媒染剂。根据天然色素性质和天然纤维种类的不同，使用的天然媒染剂也不一样。用于天然染色的传统媒染剂是山茶灰和铁浆，根据其含有的金属离子性质，将之称为铝媒染剂和铁媒染剂。

山茶叶和杨桐叶中含有丰富的铝，因而山茶灰、杨桐灰均是传统天然铝媒染剂（图10）。此外还有明矾、醋酸铝、氯化铝等人工合成的金属盐，也用于金属铝离子媒染。铝媒染剂多为染制明亮色彩的媒染材料。以山茶等木灰媒染呈现的色彩细腻丰富，以紫草染为例，其他人工合成的铝媒染剂无法达到含铝木灰媒染形成的柔美亮丽效果。各种含铝木灰可以单独使用，也可以混合使用。日常染色中，我们常用的铝媒染剂是明矾，是含有结晶水的硫酸钾和硫酸铝的复盐，无色立方晶体，称为十二水硫酸铝钾。明矾是极为重要的媒染剂，应用温水或加热使之充分溶解。

泥土是最为古老的天然铁媒染材料，古代最早利用河泥中含有的铁质成分进行媒染，所谓"泥染"即属于此类铁媒染。比如大家熟知的香云纱就是利用泥里的铁离子进行媒染，令面料呈现黑色或深棕色。除此之外，可以起到铁媒染作用的天然铁媒染剂还有铁浆，人工提取合成的醋酸铁、木醋酸铁和硫酸亚铁、氯化亚铁等金属盐，也经常作为铁媒染剂使用。经过铁媒染的纤维色彩趋于浓重，是低明度天然染色不可缺少的媒染材料。我们实际操作时，可以自行制作铁浆用作铁媒染（图11）。

图10　山茶、杨桐及二者混合树叶灰

再回过头来说媒染染料，因为数量繁多，我们就以紫草为例介绍。紫草学名 Lithospermum erythrorhizon，为紫草科紫草属，是多年生草本植物（图12）。紫草分布于中国、俄罗斯、朝鲜半岛和日本等地。紫草于夏日开白色小花，其根部粗壮，外表暗紫

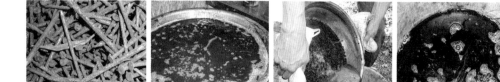

图11　天然媒染剂铁浆制作过程

色。紫草的根称为紫根，紫根浸油可以疗治烫伤、湿疹等，是重要的中草药材，同时也是染紫色的传统染料。李时珍在《本草纲目》中记载："此草花紫根紫，可以染紫，故名。尔雅作茈草。瑶、侗人呼为鸦衔草。"我国古代紫草多出产于南阳、新野一带，到唐代时产区更为广泛，产量更多。

对传统染色工艺的研究，我们首先还从文献整理开始，常规的参考文献多为医学类、草药学、科技学、农学著作，比如北朝贾思勰撰写的《齐民要术》一书，专门有一篇讲怎么种紫草和收获紫根，其中有四个字："其利胜蓝。"指出紫根的经济价值要超过靛蓝，至于紫根究竟有多大的经济价值，书中没有更详细的记载。后来，在《张丘建算经》这本书中，我们找到了相关的资料，这本书是中国古代数学著作，成书于约5世纪，现传本有92问，比较突出的成就有最大公约数与最小公倍数的计算、各种等差数列问题的解决、某些不定方程问题求解等。唐代时，这本书与其他9本算术书一起被指定为国子监算学馆的教本，用以进行数学教育和考试。里面的内容是应用题，用来举例的内容和数字换算都与当时的国家经济文化有很大关系。其中，上卷第24题是关于紫草的。结合同书上卷第27题，我们可以得知以下信息：30斤紫草（根）可以换1匹绢，可以换1斤8两丝，相当于600钱。在当时以绢帛为货币，可以以1匹绢去衡量一件物品的价值。根据中卷第13题，对当时户调制度的描述和计算，下下户每年要交1匹绢作为赋税。根据下卷第12题，9匹绢可以换1匹上锦。上锦就是生产工艺和织造难度最大的，也是古代最贵重的织物。从这些数学题中我们可以推理出紫根的价值，从侧面论证了紫根作为中国古代重要经济作物的历史依据，也说明紫根是古代贵重染材的史实。

另外，根据书中的记载和计算，我们也可以得出染材和被染物的基本比例为6∶5。若是以现在的度量衡进行换算，7.3千克紫根可以染长约5.75米、宽约0.5米的绢，排除绢的单位重量，我们做了一个染色工艺复原，得到右侧的色彩，可以说这个颜色基本上就是魏晋南北朝时期至唐代的标准"紫"色（图13）。

除了《张丘建算经》，还有一本书对于研究传统紫根染工艺至关重要，那就是《延喜式》（图14），这是日本平安时代（784—1185年）中期延喜五年（905年）由醍醐天皇命藤原时平等人编纂的一套律令条文。书中对官制和仪礼有着详尽的规定，成为研究古代日本史的重要文献。全书五十卷，约三千三百条目，书中十四卷《缝殿寮·杂染用度》有染色匠人对染材分量、搭配、染色工艺的详尽记录，其中包括作为紫色染料的紫草（根）。《延喜式》中记载的由紫根染成的色名有深紫、浅紫、深灭紫、中灭紫、浅灭紫等。

结合文献研究，我们还对中国传统紫根染色的古代纺织品文物进行对应研究。在敦煌莫高窟北区出土的两件残幡中，由中国丝绸博物馆测得了紫根染料的痕迹，与文献记

图12　紫草

图13　紫草染工艺复原所得色标

图14　《延喜式（十四卷）》

图15　紫地迦陵频伽唐草窠纹经帙（8世纪中叶，日本正仓院藏）

图12　｜　图13　｜　图14　｜　图15

载吻合。除了敦煌纺织品，我们在许多国内外的博物馆藏品中，还可以找到一些已经经过科学手段测定染料的纺织品文物和纸质文物（图15）。这些实实在在的文物是中国传统紫根染工艺存在和使用的佐证，同时为我们探讨工艺的实现提供了不可或缺的范本。

我们在不断地学习和实践中掌握了紫根色素一些特别的性质，例如紫根色素属于难溶性色素，很难溶于水，古代常采用捶捣、搓揉的人工手段萃取色素，现代科学发现这种色素易溶于高纯度有机溶剂，如甲醇（木精）、乙醇（酒精），所以可以使用酒精加速紫根色素的萃取过程。在化学构造上，由于色素中的紫草醌等物质具有升华性，使紫根色素可以透过厚塑料膜挥发，如果有水分介入容易变化为不溶性化合物，所以与一般性药用紫根不同，染色用紫根需要放入干燥剂在密闭容器内储存。

另外，在工艺实践时，我总是会闻到紫根染色时散发出的臭味。后来请教一些化学家得知，紫草的部分色素中含有丙烯酸、酪酸化合物，通过分解释放出带有酸的臭味。这一特点《韩非子》中记载道："齐桓公好服紫，一国尽服紫。当是时也，五素不得一紫。桓公患之，谓管仲曰：'寡人好服紫，紫贵甚，一国百姓好服紫不已，寡人奈何？'管仲曰：'君欲止之，何不试勿衣紫也？谓左右曰：'吾甚恶紫之臭。'于是左右适有衣紫而进者，公必曰：'少却！吾恶紫臭。'公曰：'诺'。于是日，郎中莫衣紫；其明日，国中莫衣紫；三日，境内莫衣紫也。"这段文字记载当时齐国的君主齐桓公喜欢穿着紫色的衣服，一时间也带动了齐国穿同样色彩的时尚。如此一来，紫色的衣料也水涨船高，导致五匹素绢还换不到一匹紫绢，齐桓公担心国人耗费财力物力，会间接影响国家的物价和经济。因此齐桓公请教管仲该如何处理，管仲劝说齐桓公要自己先带头不穿紫衣，并表明自己不喜欢紫根染色的气味，以自身的态度来渐渐冷却民间的流行。的确，紫根染出的面料会带有特别的臭味，可见《韩非子》对紫根染色工艺用于服装面料的记载是比较真实的。

紫根色素的显色温度为50～60℃，如果温度超过70℃，色素分子会分解，就染不出紫色了。紫根色素染得的色相与溶液的酸碱度有关，在酸性环境中呈现偏红的紫色；在碱性环境中呈现偏蓝的紫色。最后，很重要的一点是紫根色素与铝离子结合，在碱性环境中才能更好地完成发色和固色。掌握这些色素性质，也就是掌握了紫根染工艺的要点。

4．还原染料

第四类为还原染料，靛蓝和贝紫属于还原染料。

蓝的色素成分是蓝靛素，它含于蓼蓝、山蓝、木蓝、崧蓝等天然蓝草植物中。关于靛蓝的内容很丰富，可以用一个专题介绍，所以我在这里就是简单列一下。我们所说的靛蓝也就是含蓝植物，主要是木蓝、马蓝、蓼蓝、菘蓝这四种，其生长分布和植物属性均有不同，当然它们的共同点就是都含有蓝靛素。我们可以通过水解沉淀、堆积发酵等不同的办法，将蓝靛色素以浸泡沉淀或堆积发酵等方法从植物体中分离出来，制成土状、泥状、粉状或固体块状等蓝染材料，再通过发酵手段进行还原染色（图16）。蓝染料主要有中国蓝、日本蓝、印度蓝及欧洲蓝等。靛蓝的染色方法主要有两种，一种是生叶染，即采集蓼蓝新鲜绿叶，将其捣烂滤汁或使用搅拌机榨取的绿色汁液，可直接用于染鲜亮的蓝色。另一种是建蓝染，就是用日本阿波蓝、中国泥蓝、日本琉球蓝或印度蓝等蓝染材料染制纤维时，需将蓝靛素还原成俗称靛白的可溶性暗绿色染液，才能进行染色。染物出染缸遇空气氧化，再次还原为不溶性蓝靛色素定着于纤维。

除了靛蓝之外，贝紫也是一种典型的还原染料（图17）。在古希腊古罗马时代，贝紫的紫色作为国王、贵族及教主的专用服色，象征着尊贵与上层地位，因而被称为帝王紫。在欧洲贝紫主要染制羊毛，也染亚麻，产于地中海腓尼基附近海域，是古代腓尼基重要的输出产品。数种有紫色素的贝还分布于地中海、墨西哥沿岸及日本近海。由于贝紫色素取自贝体的色素原质（蓝紫色系），提取1克色素需要数千只甚至上万只贝，因此贝紫异常珍贵。自古以来，中南美洲也利用从贝类躯体提取的色素染制紫色，曾是当地原住民重要的染料来源。

5. 特殊染料

最后一类是特殊染料，除了上述直接染料、碱性染料、媒染染料和还原染料之外，还有很多难以归属为以上染料类别的特殊染料。比如黑檀、松烟、柿涩、色土、铁锈以及生鲜花瓣等，因其各自性质独特，染色方法不一，具有特殊属性，所以将它们统一归为特殊染料。我以柿涩为例介绍一下。

柿涩是从青柿子中经榨取、发酵提取的具有防水性能的柿油，日本称为柿涩（图18）。"涩"字很形象得形容出柿液富有胶着感的质地，此特点是由柿子中富含单宁质（即鞣酸）成分而造成的。柿子于奈良时代从我国传入日本，因小型米柿含柿漆丰富，被作为柿漆原料广泛栽培。柿漆的主要成分是柿单宁，把浓厚的柿漆液体通过浸染或刷染手法染制于纤维，干燥后在纤维表面会形成一层皮膜。皮膜变硬具有很好的防水性能，古代常将其用于酒器、雨伞、渔网等物品的防水材料。柿漆在常温状态下就可以染制蛋白质纤维和纤维素纤维。不过柿漆不属于直接染料，它与黑檀一样，在日光照射下色彩逐渐变深。

用柿液作为涂料的用途广为人知，李时珍在《本草纲目》中也有记述："椑乃柿之小而卑者，故谓之椑。他柿至熟则黄赤，惟此虽熟亦青黑色。捣碎浸汁谓之柿漆，可

图16 ｜ 图17

图16 中国贵州靛泥

图17 日本北海道沿海所产贝、新鲜染料及贝紫色

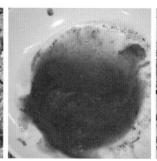

以染罾、扇诸物，故有漆柿之名。"柿子品种有别，一种为甜柿（也称"甘柿"），甜柿成熟时呈黄赤色，天然脱涩，可以直接食用，我国湖北省罗田县出产甜柿；另一种是涩柿，我国现在栽培的柿子品种，绝大多数为涩柿，需要人工脱涩后食用，比如放置一段时间和利用温水或石灰水浸泡等，涩柿包括李时珍提到的"椑"。涩柿的未成熟果实是制作柿涩的原料。除了作为涂料和染色剂之外，柿涩还是一种重要的饮食添加剂，例如作为日本清酒的清澄剂使用，也在医药方面发挥着自己的功能。

2013年，我在贵州省黎平县肇兴镇侗族聚居地考察，也看到了当时制作柿涩的过程（图19）。她们用来制作柿涩的青柿也属于涩柿，产自当地。这位侗族妇女借用了舂米用的石臼，将青柿子放在石臼中，加入一些清水，利用人力使石杵上下挥捣。随着捣捶的力量，青柿逐渐由大变小直至成为碎渣，随之榨出汁液。她将柿液从石臼中盛出来，并用一个塑料的编织袋进行过滤。肇兴侗族人用柿液给亮布上浆，再用亮布制作成他们自己的民族服装。

通过对柿漆及其染色工艺的整理分析，我们体验到柿漆特殊的构成属性、显色原理，使它作为天然染材显现出独特的环保优势、固着强势和丰厚的开发设计潜力与广阔的创新应用空间：第一，利用柿单宁在大气中自然氧化显色的缓慢性质，可以诱发参与性创作热情，享受长达两年的不断变色带来的乐趣。第二，利用柿漆天然属性和色牢度高的性质，可以在纺织服装设计领域挖掘开发实用价值。第三，利用柿单宁氧化生成皮膜的性质，可以发挥其防水、增韧功效，提高多种产品的实用价值，例如通过染纸、纺织面料等，在书籍装帧、纸艺塑型、服饰衣帽、陈设摆饰、艺术欣赏等领域拓展设计与创作表达方式。

二、天然染料的染色对象

第二个专题是想说明一下天然染料的染色对象，天然染料的染色对象是天然纤维，天然纤维是与人工合成纤维对比而言的，特指存在和生长于自然界且具有纺织价值的纤维。一般情况下，天然染料只能染天然纤维或具有天然纤维性质的人造纤维。天然纤维包括棉、麻等植物纤维和丝、毛等动物纤维，以及石棉等矿物纤维。其中，动物、植物纤维是最为常见和使用的天然纤维。从纤维性质上区分，植物纤维属于纤维素纤维，动物纤维属于蛋白质纤维。

这四类天然纤维有各自不同的染色特点，例如棉和麻属于纤维素纤维，染前需要用豆浆等进行浓染处理，以增强色素染着力；因毛纤维遇冷热骤变会产生毡化现象，染色时必须慢慢升温与降温。相比之下丝绸是最适于天然染料的纤维。2019年6月，敦煌服饰文化研究暨创新设计中心在北京服装学院举办了天然染色研讨会，当时邀请到日本的草木染世家传人吉冈幸雄先生，他在现场这样说："中国是最早生产蚕丝的国家，人们用蚕丝制作日常服装和祭祀服装，积累了丰富经验，为世界作了重大贡献，日本文化深受中国文化的影响。我想提一个小小的建议，大家一定要有深入探讨精神，并持之以恒。古代丝绸之路对丝绸的发展起到了决定性作用，1970年左右，日本有一个电视系列节目《丝绸之路》，讲述了中国丝绸向世界各地传播的过程。我认为在某种程度上可以说，中国丝绸的发明创造了世界，所以我对自己能够从事在丝绸上染色的工作感到非常荣幸。虽然草木染色

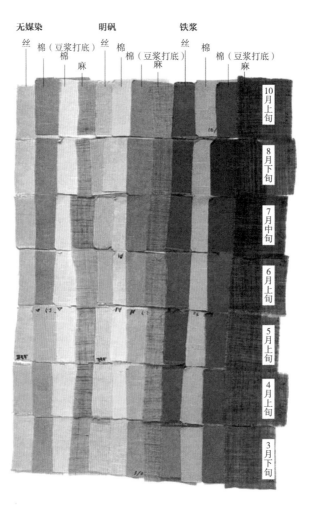

图20　随季节变化的草木之色（日本，山崎和树）

非常费工耗时，但染出来的色彩非常漂亮，令我非常开心和欣慰。"当年9月吉冈先生就不幸去世了，但是他的这段话一直保留在我的脑海里，今天借机分享给大家，以此表达我对吉冈先生的怀念。

日本的草木染讲究传承，除了刚才提到的吉冈家族，还有山崎家族，第三代传人山崎和树老师的书籍已经正式出版，书里有这样一张图片（图20），题目是"随季节变化的草木之色"，展示的是山崎老师从3～10月用同一场所采集的艾蒿进行染色实验，以明矾媒染的色样为例，我们可以看到3～5月之间染得略微发棕的黄绿色，随着时间推移，色彩会逐渐变深，6月可染得偏黄的深色，7月、8月以后染得的色彩发棕，9月、10月染得的色彩稍微变浅。虽然是微妙差别，但是正如图20所示，色彩变化是一目了然的，这说明了染料是有生命的。

三、天然染料色素的萃取方法

第三个专题，我想介绍一下天然染料的色素萃取方法。所谓天然色素萃取，是指针对各种色素的溶解性，利用与其相应的溶液，将色素从动物、植物或矿物中溶解、分离出来。萃取色素是天然染色的最初工序，直接影响或制约此后的染色效果。萃取色素过程中，温度、酸碱度（pH）、时间等因素是关键环节，只有合理正确地调节温度、酸碱度（pH）和萃取时间，才能顺利、充分从自然物中获取色素。这是因为动物、

植物体中所含色素性质不一样，有冷水可溶色素，也有热水可溶色素，要依靠温度变化进行萃取；有酸性液可溶色素，有碱性液可溶色素，还有中性可溶色素，要依靠变化酸碱度（pH）进行萃取，此外，萃取时间的长短，决定着色素萃取的多少及程度。不过，色素液浓度达到饱和则不能继续萃取，需分离染材和色素液，于染材中注入水等溶液再次萃取。除此之外，还要充分考虑色素与不同性质溶液的溶解性。大多数色素溶于水，对于一些特殊性质的色素，要使用酒精等有机溶剂进行萃取。所以，为了把特定色素合理充分地萃取出来，必须使用与溶解性相适应的溶液及萃取方法。

最为常见的色素萃取方法是在染材中加水后高温煎煮，称为"煎煮萃取法"，这是非常有效的萃取方法，具有操作方便、色彩饱和、色牢度高等特点。除了煎煮萃取法外，根据不同的色素性质，还有常温萃取法、碱液或酸液萃取法、发酵萃取法、沉淀萃取法、木精或酒精溶剂萃取法等。因为有的染材用煎煮萃取法不能提取色素或造成色素分离、变色现象，所以要根据天然染材的不同特性及色素的溶解、环境、对象等因素，选择合适的萃取方法。

煎煮萃取法是使用高温煎煮提取色素的方法，是最为基本的萃取方法，大多数染材需要通过高温煎煮萃取色素。一般先将染材洗净浸泡，再根据染材特性及色素数量，以不同时间分次高温煎煮，萃取色素后趁热用布或丝网等过滤色素液。对于苏木、核桃等易氧化的色素液，萃取调制染液后要马上染色，以免产生色素固化沉淀而影响染色效果。胭脂虫等动物性染料，最好用研钵等将其磨碎，对于粉末状染材，可以将萃取色素与染色同时进行。煎煮萃取法要根据染材的种类、状态、性质等因素，决定染材与水的比例和萃取温度、时间及酸碱度等。

采用常温萃取法是因为有些色素不耐高温，需要常温萃取。比如黑檀，就是将其果实砸碎后以碱性液在常温状态下萃取色素。又如红花的黄色素也是在常温下用水浸泡萃取的，虽然红花的黄色素本身耐高温，但与黄色素共存的红色素遇高温即刻分解。所以萃取红花黄色素时，必须在常温下进行，以使红色素不受影响。红花在去除黄色素之后用碱性液萃取红色素时，也必须在常温状态下进行。同时，红花的红色素用碱性液萃取出后即刻开始分解，需要在尽可能低温状态下快速萃取并染色。

碱性液萃取法是针对枝叶、树皮、果皮等染材，通过碱性液热煎才能充分萃取木质内部的色素。草木灰、石灰、苏打灰（碳酸钠）等都可以用来调制碱性液。另外，有些色素只溶于碱性液。以红花为例，因红花花瓣中同时含有红色素和黄色素，黄色素易溶于水或弱酸液，而红色素不溶于水和酸性溶液，且红色素遇热即遭破坏迅速分解消失，故不能用煎煮萃取法。红花的红色素只溶解于碱性液，所以，萃取红色素时必须在常温下使用碱性液实施萃取。另外，运用煎煮萃取法萃取色素时，也经常借助碱性物质使染材在碱性液中溶解出色素。

采用酸性液萃取法是因为姜黄、郁金、苏木、茜草根等染材，通过酸性液才能萃取出漂亮干净的色素，如果使用碱性液，得到的色素浑浊暗淡。用食用醋、冰醋酸、柠檬酸等都可以调制酸性液。另外，从娇嫩的红色或紫色等生鲜花瓣中萃取色素时，如果高温煎煮，一般得到的是黄赭系色相，与所见花瓣色彩相差甚远。但若用酸液萃取，可以得到近似花瓣的色彩。

采用溶剂萃取法是因为有的天然色素不易溶于水，易溶于木精（甲醇）或酒精

（乙醇）等有机溶剂，所以需要采用溶剂萃取法。比如，在萃取紫草中的紫色素时，除了使用上述酸性液萃取法之外，也经常使用木精或酒精进行萃取。

沉淀萃取法主要指把山蓝、木蓝、蓼蓝等蓝草植物浸泡在水中提取靛蓝色素的制靛技术。由于蓝草植物中含有水溶性蓝靛素，将蓝草的茎叶浸泡在水中可溶出色素。浸泡过程中水逐渐变为蓝绿色，浸泡时间因气候、温度等有所变化，一般在3～5天。当枝叶变黄开始腐烂时即可捞出腐叶，然后注入石灰液搅拌，液面氧化出现蓝色泡沫，形成非溶性蓝靛素。静置后，石灰的钙离子与蓝靛素结合产生沉淀，其沉淀物就是俗称泥蓝的膏状靛蓝染料，风干后成为固体蓝靛。在中国的南方地区、日本冲绳以及印度等地，广泛使用沉淀制蓝法。

此外，还有发酵萃取法，其中有代表性的发酵萃取法是日本蓼蓝染料的干叶堆积发酵，以及欧洲菘蓝染料的揉团发酵等制靛技术。以日本四国德岛县"阿波蓝"为例，基本制作方法是先将蓼蓝收割晾晒，晾干去茎之后将干燥的蓼蓝叶淋水堆积，使其自身升温发酵。期间数次散开使之散热再淋水堆积，持续约三个月后蓝叶发酵成土状。由于干燥的蓼蓝叶无法溶解蓝色素，所以借助发酵分解叶脉纤维，并减少体积而提高色素浓度。

四、天然染料的染色方法

第四个专题是天然染料的染色方法。所谓染色，是指对特定纤维材料具有亲和性的有机化合物，从溶液状态向纤维高分子状态界面移动、扩散、吸附的现象和过程。也就是说，染料分子通过从染液向纤维内部转移而形成染色。

天然染料的染色方法主要分为浸染法（图21）和刷染法（图22）。刷染法是日本常见的染色方法，因其在常温状态下通过毛刷进行染色，所以需要使用浓度较高的染液，并且还要经过高温汽蒸使色素固着于纤维。浸染法是最为普遍的染色方法，它适用上述所有萃取法调制的酸性、中性或碱性染液。纤维的种类、性质、状态和染液的浴比、浓度、酸碱度（pH）、温度及染色时间等因素，决定着色素差异和色素吸着纤维的牢度以及色素量的变化。

五、媒染方法

第五个专题是媒染方法，前面已经介绍过媒染剂的概念，我们知道媒染能够使色素染着于纤维，并通过增强色素与纤维的亲和力达到固色作用。媒染过程中由于色素

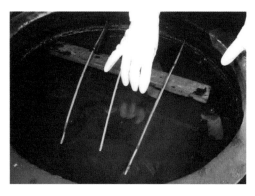

图 21　图 22

图 21　浸染法

图 22　刷染法

与不同金属离子结合，还可以形成丰富的色调。媒染方法分为染前处理的先媒染、染后处理的后媒染、染中处理的中媒染和染色、媒染同时进行的同时媒染。因为涉及工艺，也是需要实践体会，这里不做过多介绍。

六、当前天然染色领域的几个常见问题

最后，我想跟大家交流五个问题，也是平时大家比较关注的五个方面。

第一个问题，是天然染料的色牢度问题。我总结了四个词来解释：一是"标准"，天然色素的性质变化多样，决定每一种天然染料的色牢度都不一样。19世纪中期人工合成的化学染料产生以来，除了天然染料操作复杂、效率低下等问题，色牢度偏低也是化学染料被迅速取而代之的重要原因。虽然天然染料具有几千年历史，化学染料诞生才一百多年，但化学染料一问世就迅速取代了天然染料，生活在今天的人们都是在天然染料几乎退出生活后，穿着、使用化学染料染制的纺织品环境中长大的，因而熟知化学染料的色牢度，很自然就以习以为常的工业产品化学染料的高色牢度对比、评判以至要求天然染料色牢度，而这种习惯性的思维本身就出了问题。作为大众化流通商品对色牢度是有严格标准要求的，按照这个标准除了靛蓝、茜草等少数天然染料之外，大多数天然染料是达不到标准的，也就是说天然染料所染衣物不能或不宜作为大众化商品进入商业领域，这也是绝大部分天然染料历来属于小众的原因。不过，我们除了要了解化学染料在染整过程中为了提高色牢度使用的材料、方法以及出现的污染环境等连带问题外，对天然染料色牢度还要有一个遵循自然的宽容态度。

二是"性质"。既然天然染料来自大自然，就必须尊重其自然属性，也就是说随着时间变化，由于不同天然染料的色牢度不一样，历来也决定了其适用范围的差异。至今，在一些偏远地区民间仍然使用靛蓝染制日常衣物，这主要是因为靛蓝所染衣物不易褪色。现代科技手段研究表明，靛蓝色牢度较高，特别是耐晒色牢度居于天然染料之首，能达到现代商品流通标准。在民间，与人们对色彩的需求相比，色牢度更为重要，因为在田间劳作，不可避免需要风吹日晒、汗渍雨淋，而靛蓝所染之色耐日晒色牢度高，耐水洗色牢度也较高，这正是几千年来蓝靛遍布乡村、深受喜爱的主要原因。相对而言，红花色牢度不高，但不管是在中国唐代还是日本平安时代，红花都是当时极为珍贵的红色染料，上层社会乃至皇室中都非常流行红花染，这其中除了红花的红色素含量极低，以及由于红花色素中含有荧光物质，使染出的色彩异常鲜艳亮丽外，红花所染之色随时间推移显现出的神奇微妙变化，也是深受贵族女性喜爱的原因之一。当然，历来人们都渴望提高天然染料色牢度，并为之不断探索。实践中发现即使同一种天然染料，材料的正确选择以及合乎自然规律的操作方法，都能够在一定程度上提高色牢度。再有，通过不同染料色素相互重叠染色，也可以有效提高色牢度，比如《天工开物》记载的黄栌色素与红花红色素叠染，《物理小识》记载的黄檗色素与红花红色素叠染等。不过，这些提高色牢度的方法是相对的，也是有限的，因为它没有改变天然色素的原有自然属性。

三是"褪色"。褪色本身其实是天然染料的自然规律，正如中国台湾学者曾启雄所言，天然染色的特点之一就是褪色，而褪色不是缺点，就如同人的一生必然需要经历可爱的婴儿、活泼的少年、浪漫的青年、稳重的中年和慈祥的老年等不同阶段，自然规律

不可违背也不可改变，但各阶段都有不同的美，散发着不同的魅力。天然染料所染色彩作为自然产物，初染的鲜艳亮丽就好比刚出生的婴儿，在岁月中逐渐褪色而呈现含蓄、柔和、淡雅等不同色调，显现出不同阶段的独特美。

四是"洗涤"。天然染料色素性质及其色牢度决定使用的洗涤材料和洗涤方法有所不同。随着合成化学染料的产生和普及，相继出现了多种多样的肥皂、皂粉、洗衣粉、洗衣液、洗衣片，以及洗涤剂、去污剂、漂白剂等针对化学染料性质研发生产的工业洗涤用品，故而在化学染料快速取代天然染料的同时，使针对天然染料的诸如皂角、澡豆、胰子、茶籽饼等天然洗涤材料也随之消失，千百年来人们一直就地取材的淘米水、草木灰水等也不再用于洗涤。那些针对合成染料生产出来的合成洗涤材料，其主要成分是表面活性剂，具有润湿、渗化、乳化、分散、增溶等功能作用，对天然色素具有不同程度的损伤，大多不适合洗涤天然染料染制的衣物，包括使用化学溶剂的干洗。相反，天然洗涤材料不会与植物色素发生化学作用，能够有效保持所染色彩原貌。

第二个问题，是关于天然染料的环保性能。我认为对于天然染料的环保性也需要客观看待。传统染色过程同样是染料与纤维发生物理或化学的结合过程，多需要借助各种助剂、媒染剂等材料实现染着、发色及固色等目的，而这些材料或者呈酸性、碱性，或者含有金属离子，对自然环境和自然生态同样具有一定的伤害作用，只是传统作坊个体性染色规模小，来自自然界的各类天然酸碱材料和重金属化合物纯度有限，自然界容易消化吸收，自我化解周期短，再加上多种物质共生并存，起到一定的缓冲作用，以上诸多因素使染色产生的废液对自然环境和生态的破坏不明显。所以说，传统天然染料即便自身是无污染的，但其通过酸、碱助剂和金属离子进行染色、媒染的过程是做不到完全绿色环保的。其实，天然染料中100%的环保染色只有一种形式，就是使用从植物体内榨取含有色素的汁液直接进行染色，这还必须以所用植物汁液不含毒素，并且在染色过程中不需要使用任何助剂、媒染剂为前提，比如古老的蓼蓝、马蓝、菘蓝等蓝草生叶染。同时，当今所谓有益健康的药物天然染料，大概是指使用与中药一体化的天然染料进行染色。中药中的植物色素的确可以用于染色，但对其药性在染色中的保健作用不可以夸大。当然，天然染料含有的抑菌成分与色素一起固着于纤维，可以使纤维材料避免虫蛀或霉变，古代经卷用纸多用黄檗、靛蓝、红花等染制而成，除了对抄经用纸的色彩需要外，其天然染料本身具有的驱虫防蛀功能对经卷长久保存更为重要。

第三个问题，是关于染料和颜料。我们今天谈的主要是染料而不是颜料，染料是一种有机化合物，一般溶于水，能够直接或通过媒介物质将色素分子染着于纤维。颜料是有色细颗粒粉状物质，一般不溶于水，通过均匀分散于水、油脂、树脂、有机溶剂等介质中着色。二者有明确的区别，但是大部分染料可以制作成颜料。例如，湖南长沙马王堆汉墓出土的印花敷彩纱，蒋玉秋老师的团队曾经进行复原，采用印花和敷彩相结合的工艺，用色达五六种之多。印花时，是先用凸纹木戳盖印出黑色的藤蔓底纹，其余的叶片、蓓蕾和花穗等是用彩绘的方法描绘而成，即谓之"敷彩"。整个图案色彩鲜明调和，层次丰富。印花颜料主要为朱砂、绿云母、硫化铅等，绿云母中还调入了干性油一类的黏结剂，使得颜料成分更好地渗透附着于丝绸纤维表面。再如敦煌莫高窟的壁画颜料，经过分析大部分为矿物或土质颜料，但是最新的研究结果表明北凉第272窟北壁的千佛袈裟是由植物颜料靛蓝绘制而成，相信随着技术手段的不断发展，我们可以对古代植物颜料有进一步的认识。

第四个问题，是色名与实体。顾名思义，色名就是色彩的名称，中国古代文献中有许多色名的记载，赵丰老师曾在《中国丝绸艺术史》一书中罗列出一些重要色名，可供我们参考。至于每个色名对应的颜色实体究竟是什么样子，日本草木染专家已经有一些研究可供参考，关于中国传统色的色卡和书籍这几年也层出不穷。特别是故宫藏清代服饰纺织品，有些是配有题签的，可以为色彩定名提供参考。有一套比较早的中国传统色色标，是中央美术学院王定理老师从古代壁画颜料的角度研究编纂的，大部分色名和颜色对应的是矿物颜料，也包括一些染料的颜色和介绍，值得我们学习参考。

最后一个问题，是色彩的等级。孙机先生曾在《中国古舆服论丛》一书中整理了一张关于唐代至明代的品官服色表格，大家可以看到在官服体系中出现了明显的色彩等级，居于最高位置的一直是紫色，然后是朱或绯，自黄色被皇室垄断使用后，就不再出现在品官服色中，绿色和青色是较低品阶的官员服饰色彩。如果不考虑色彩观念的问题，我们可以结合前面介绍的关于天然染色材料与工艺的知识去看待这个问题。能够染出紫色的天然染料只有紫草，红花染料的珍贵性毋庸置疑，二者的工艺又极为复杂，物以稀为贵，所以它们对应的色彩等级在历代都是很高的。然后是绿色，这是一种套染的颜色，通常是黄色加靛蓝，工艺上稍微复杂一些。最后的青应该来自靛蓝，相比之下，靛蓝种植广泛、取材易得，因此放在最末。

中国古代服装历史是物质文化史，我们今天讲的天然染色材料是物质的部分，但其背后有审美观念文化、东西交流文化；工艺是基于物质生发出来的技术，慢慢形成了中国古代服装特有的染色文化及色彩文化，值得我们深入探讨。最后推荐几本参考书，希望能够帮助大家。今天就讲到这里，再次感谢蒋玉秋老师和线上的朋友们。

项目资助：清华大学艺术与科学研究中心柒牌非物质文化遗产研究与保护基金项目"中国传统茜草染工艺研究"［（2018）立项第02号］；故宫博物院2021年开放课题"故宫博物院藏清代服饰纺织品染色文献及工艺研究"（该课题得到"中国青少年发展基金会梅赛德斯－奔驰星愿基金"的大力资助）。

（注：本文根据2022年4月29日北京服装学院美术学院研究生课程"中国古代服装复原研究与实践"讲稿整理。）

参考文献

[1]杜燕孙.国产植物染料染色法[M].上海：商务印书馆，1938.

[2]彭德.中华五色[M].南京：江苏美术出版社，2008.

[3]王孖.染缬集[M].北京：北京燕山出版社，2014.

[4]陈景林，马毓秀.大地之华：台湾天然染色事典[M].台中：台中县立文化中心、道禾文化教育机构，2002.

[5]曾启雄.中国失落的色彩[M].台北：耶鲁国际文化出版社，2003.

[6]山崎和树.日本草木染：染四季自然之色[M].杨建军，崔岩，译.北京：中国纺织出版社，2021.

[7]杨建军，崔岩.红花染料与红花染工艺研究[M].北京：清华大学出版社，2018.

下编

常沙娜 / Chang Shana

常沙娜，我国著名的艺术设计教育家和艺术设计家、教授、国家有突出贡献的专家。少年时期，常沙娜在甘肃敦煌随其父——著名画家常书鸿学习、临摹敦煌历代壁画艺术。1948年赴美国波士顿艺术博物馆美术学院学习。1950年回国后，先后在清华大学营建系、中央美术学院实用美术系任教。1956年后，历任中央工艺美术学院（清华大学美术学院前身）讲师、副教授、染织美术系副主任、副院长、院长。此外，她还曾担任全国人大常委、中国美术家协会副主席、中国国际文化交流中心理事等多项职务。

敦煌服饰文化的传承与创新

常沙娜

今天我来北京服装学院参加"敦煌服饰艺术展暨《敦煌服饰文化图典·初唐卷》新书发布会"活动，见到新老朋友们，感到非常高兴，非常激动！

我对敦煌有一种非常特殊而深厚的情感。我的父亲常书鸿在20世纪40年代，在法国留学学习油画时看到伯希和的《敦煌石窟图录》非常震惊，他作为一个中国人却从来不知道甘肃敦煌莫高窟，他担心数典忘祖，而决心一定要回国。于是在抗日战争伊始，我们全家返回国内，那时我刚刚出生。回国后他一直盼着到敦煌去，同时把年幼的我也一起带到了那个神奇而美丽的地方。虽然在敦煌生活艰苦，但我特别高兴能在那边画画。我的绘画"童子功"全都是在莫高窟跟着大人们学习临摹壁画而奠定的，这为我后来在中央工艺美术学院从事教育和艺术设计工作打下了坚实的基础。

在抗美援朝时期，周总理提出要进行爱国主义教育，要让后代人了解传统文化艺术。于是他联系了我的父亲常书鸿，把敦煌艺术研究所那些年来在敦煌临摹的壁画带到北京故宫午门城楼上进行展示，引起了大家的广泛关注。梁思成和林徽因先生知道后一定要亲自去看一看，他们那时身体不好，所以我父亲让我扶着林徽因先生一步一步地看展览。后来我就在梁思成和林徽因先生的指导下工作。在林徽因先生的影响下，我接触到了北京特色的工艺美术——景泰蓝，于是我将敦煌艺术与景泰蓝工艺相结合，创作了一系列的作品，并在之后一直探索如何将传统图案与现代工艺品相结合。我还有幸参与设计纪念新中国成立的十大建筑之一的人民大会堂，当时的总建筑师张镈和我说："你在设计时一定要考虑和功能相结合，把宴会厅的通风口和照明的功能性与设计相结合。"这启发我之后在设计的时候都会考虑设计的功能性。

刘元风老师是1977年中央工艺美术学院恢复招生的第一批学生，我当时任他们班的班主任，相处四年留下了美好记忆，所以我和他特别熟悉，我每次见他都特别高兴。在学期间，刘老师还帮助我整理绘制了敦煌服饰线稿，后来收入到《中国敦煌历代服饰图案》一书中。刘元风老师毕业后先后在中央工艺美术学院和北京服装学院工作，他把敦煌元素的学习和运用教给更多的学生，同时在自己的作品中进行设计呈现，取得了很好的成绩。

现在，刘元风老师带领敦煌服饰文化研究暨创新设计中心团队接续前辈们的铺垫，继续敦煌服饰文化的研究，这是非常重要也是非常及时的一项工作。在延续一千多年的敦煌石窟艺术中，各个历史时期的彩塑、壁画人物的服装和服饰图案非常丰富精彩，是我们取之不尽、用之不竭的艺术源泉。现在我看到这个敦煌服饰艺术展览和这本书，看到刘元风老师团队取得了这么丰硕的成果，非常高兴后继有人，有那么多年轻人能够继续弘扬敦煌艺术，那么我们的文化一定能够生生不息地传承和发展下去！

祝贺敦煌服饰艺术展览顺利举办！祝贺《敦煌服饰文化图典·初唐卷》出版成功！

（注：本文根据作者在2021年10月8日"敦煌服饰艺术展开幕式暨《敦煌服饰文化图典·初唐卷》发布会"上的致辞整理而成，题目为编者所加。）

柴剑虹 / Chai Jianhong

柴剑虹，浙江杭州人，1966年毕业于北京师范大学中文系，1968—1978年在新疆维吾尔自治区乌鲁木齐任教，1981年由导师启功先生推荐到中华书局做编辑工作。曾任《文史知识》杂志副主编、汉学编辑室主任、中国敦煌吐鲁番学会副会长兼秘书长，浙江大学、中国人民大学等高校兼职教授，敦煌研究院、吐鲁番研究院兼职研究员。现为中华书局编审、中国敦煌吐鲁番学会顾问，敦煌学国际联络委员会干事。曾在北京大学、浙江大学、北京师范大学、香港城市大学、台北中国文化大学、德国特里尔大学等数十所高校和中国国家图书馆、敦煌研究院、法国远东学院等机构做学术演讲，多次应邀赴法、德、俄、英、日等国家进行学术交流。出版《西域文史论稿》《敦煌吐鲁番学论稿》《敦煌学与敦煌文化》《我的老师启功先生》《丝绸之路与敦煌学》等专著，担任《敦煌吐鲁番研究》《敦煌研究》《敦煌学辑刊》《法国汉学》《汉学研究》等期刊编委。自1993年10月起享受国务院颁发的政府特殊津贴。

敦煌服饰研究"行百里"之路

柴剑虹

尊敬的常沙娜先生、各位嘉宾、各位领导：

　　首先要衷心感谢北京服装学院、感谢刘元风教授及敦煌服饰文化研究暨创新设计中心团队邀请我躬逢今天的盛典！感谢让我能够又一次领略敦煌服饰艺术的风采、了解与学习敦煌服饰研究与创新设计的可喜成果！

　　敦煌服饰艺术是举世瞩目的敦煌文化艺术的重要组成部分。对它的传承和创新，是敦煌学研究的重要领域，而且在现实社会生活中具有特别的应用价值和创新的动力与活力。近年来，在我国许多前辈、专家、学者的启发和带领的基础上，在北京服装学院领导的大力支持下，敦煌服饰文化研究暨创新设计中心团队师生通过辛勤教学、科研和设计实践的不懈努力，取得了十分可喜的丰硕成果。2020年10月，贵院克服新冠肺炎疫情的影响，成功举办了"第三届敦煌服饰文化论坛"；近日获悉，作为该论坛的成果之一，由刘元风教授主编的《丝路之光：2021敦煌服饰文化论文集》由中国纺织出版社有限公司推出；今天的服饰艺术展及《敦煌服饰文化图典·初唐卷》新书发布会，就是又一个明证！

诚然，我今天的简短发言不仅是要表达祝贺和敬意，还因为此时我又想起了21年前，在敦煌莫高窟藏经洞发现一百周年之际，我们中国敦煌吐鲁番学会的老会长季羡林教授特别强调："进入新世纪之敦煌学研究是'行百里，半九十'，任重而道远，我国学人必须继续努力。"敦煌学界同仁非常高兴地看到，近年来敦煌服饰文化研究暨创新设计中心的师生们，就是这样扛起了敦煌服饰研究、创新设计的大旗，在继续"行百里"的道路上扎扎实实努力地迈步前行。我知道，今天发布的该图典系列丛书的《敦煌服饰文化图典·盛唐卷》也已基本完成；但之后还需要编撰中晚唐、五代、宋、元各卷；当然，在传承基础上还有更多相当繁重的创新设计工作要做。正如常沙娜老师在《敦煌服饰文化图典·盛唐卷》"序言"中所说：这个工作没有结束，而是刚刚开始。也诚如刘元风教授在《2021敦煌服饰文化论文集》"前言"中指出："需要我们大家共同努力的是，在传承和传播敦煌服饰文化的同时，探索新时代的服饰创新设计的典型范式，构建起民族性与当代性有机融合的教学、科研以及服务社会的平台，让古典的敦煌服饰文化走入当今时尚生活之中，为提升人们日益丰富的多样化的物质需求、为满足人们对于美好生活的向往做出我们的努力。"

此时，也想起了我们敬仰的沈从文先生，41年前他在《中国古代服饰研究》"引言"中指出的：服饰研究"工作值得有更多专家学者来从事，万壑争流，齐头并进，必然会取得'百花齐放'的崭新纪录突破。"所以，我更期盼也坚定地相信：敦煌服饰文化研究暨创新设计中心的年轻研究者们在刘元风教授的带领下，一定能够在这个大有作为的领域里不断突破纪录，创造更辉煌耀眼的业绩，为我国敦煌学研究和服饰文化的传承、创新做出更大的贡献！

谢谢大家！

（注：本文根据作者在2021年10月8日"敦煌服饰艺术展开幕式暨《敦煌服饰文化图典·初唐卷》发布会"上的致辞整理而成，题目为编者所加。）

荣新江 / Rong Xinjiang

荣新江，北京大学历史系及中国古代史研究中心教授，教育部长江学者特聘教授，兼任中国敦煌吐鲁番学会会长。主要研究领域是中外关系史、丝绸之路、隋唐史、西域中亚史、敦煌吐鲁番学等。著有《归义军史研究》《敦煌学十八讲》《中古中国与外来文明》《中古中国与粟特文明》《丝绸之路与东西文化交流》等著作。

对敦煌服饰文化研究的期待和展望

荣新江

　　各位嘉宾，今天高朋满座，观者云集。我们来参加"丝路之光·敦煌服饰艺术展开幕式暨《敦煌服饰文化图典·初唐卷》发布会"，我谨代表中国敦煌吐鲁番学会对刘元风教授的团队表示祝贺。

　　前面常沙娜先生和柴剑虹先生分享的敦煌服饰研究的历程，让我们非常感动。实际上，敦煌文化包罗万象、内容广阔，包含着服饰文化。但是敦煌地理位置偏远，地处大漠深处、人迹罕至，所以敦煌服饰文化的研究也是相对在比较晚的时候才开始的。但敦煌有着丰富的文化底蕴，无论是在绘画方面，还是在文献记载上，都是服饰文化研究的宝库。所以当服饰相关的资料被学者发现和研究之后，它就会变成一种力量，产生出非常大的推力。当然服饰文化研究需要对服饰的图像和文献做仔细的钩索，像沈从文先生在文献上做了很多的研究工作，但是当时的图像资料还是受到很多限制。由于现在很多图像材料发表出来，特别是数字化技术的推进，还有刘元风教授团队和敦煌研究院有着密切的合作，可以近距离地观察壁画和彩塑，所以让我们看到了这本《敦煌服饰文化图典·初唐卷》。

　　刘元风教授团队以一个开放的心态，邀请过很多在座的学者来做过讲演。我作为一个历史文献相关的学者，也被邀请到中心做过讲演。我们虽然并不研究服饰，但是我们和服饰的研究实际上有着互动，我们在大学里教书，都知道多学科、跨学科的交流，是学术最好的增长点。刘教授的团队在敦煌服饰文化这个方面给我们做出了表率。

我们希望刘元风教授的团队能够在丝绸之路的广阔领域里，带着丝绸之光，带着服饰的盛典走向更辉煌的未来。

（注：本文根据作者在2021年10月8日"敦煌服饰艺术展开幕式暨《敦煌服饰文化图典·初唐卷》发布会"上的致辞整理而成，题目为编者所加。）

马　强 / Ma Qiang

马强，研究员，敦煌研究院美术研究所所长。中国美术家协会美术教育委员会委员，北京服装学院硕士研究生导师，敦煌服饰文化研究暨创新设计中心研究员。

"临摹、研究、创新"中的敦煌艺术之美

马　强

尊敬的常沙娜先生、各位嘉宾、各位领导：

　　大家上午好！首先我对"丝路之光·敦煌服饰艺术展开幕式暨《敦煌服饰文化图典·初唐卷》发布会"表示热烈的祝贺。

　　敦煌服饰文化研究暨创新设计中心于2020年1月6日，由时任敦煌研究院院长赵声良、北京服装学院敦煌服饰文化研究中心主任刘元风教授在敦煌研究院美术研究所共同揭牌。时至今日，《敦煌服饰文化图典·初唐卷》已经付梓面世，项目能够汇聚这样一批有热情和能力的专家与学者，从服饰角度深入挖掘研究敦煌石窟千年的艺术宝藏，是对民族服饰文化传承创新的有益尝试，这与敦煌研究院美术研究所的"临摹、研究、创新"六字方针不谋而合。自国立敦煌艺术研究所起始，扎实的临摹研究壁画，就是敦煌研究院美术研究所几代美术工作者半个多世纪以来的艺术实践，在大家共同努力下不间断地临摹、研究、创作，延续敦煌艺术的勃勃生机，弘扬千年石窟的艺术精神，透过一幅幅作品将世界的目光引向敦煌，发现敦煌艺术之美，仍是我们今天共同的目标。

　　"保护好我们的国粹，着重弘扬优秀传统文化"，愿《敦煌文化服饰图典》系列丛书通过多方共同努力，以创新促传承，展现敦煌服饰文化的魅力，弘扬敦煌的、民族的文化艺术，早日产出更多优秀的成果来回馈社会。

　　最后预祝本次发布会圆满成功！

　　（注：本文根据作者在 2021 年 10 月 8 日"敦煌服饰艺术展开幕式暨《敦煌服饰文化图典·初唐卷》发布会"上的致辞整理而成，题目为编者所加。）

郑伟良 / Zheng Weiliang

郑伟良，工学硕士。1988年入职中国纺织出版社，2006年起担任中国纺织出版社副社长，2010年起担任社长、党委副书记。现任中国纺织出版社有限公司党委书记、董事长。

融合多元出版　打造文化精品

郑伟良

尊敬的常沙娜教授、刘元风教授，尊敬的周志军书记、贾荣林校长、倪赛力书记，尊敬的各位专家、各位朋友：

大家上午好！很高兴能参加敦煌服饰艺术展暨《敦煌服饰文化图典·初唐卷》的新书发布会。

《敦煌服饰文化图典·初唐卷》是"敦煌服饰文化图典"系列图书的首部著作，这套系列图书的出版工作要覆盖敦煌十个朝代，计划用三年时间完成。首先请允许我代表出版单位为能承接这项国家社科基金艺术学重大项目的出版工作感到非常荣幸。向北京服装学院，向敦煌服饰文化研究暨创新设计中心，向以刘元风教授领衔的研究团队表示衷心的感谢和崇高的敬意！

中国纺织出版社有限公司作为中国纺织服装服饰领域的国家级出版单位，近几年来，我们一直强化能力建设、规范管理和创新服务。一直致力于围绕着自己擅长的专业领域持续构建产品体系，因为我们坚信基于垂直领域的优势内容才具有未来价值，而服饰文化领域正是我社最擅长的专业领域，是出版社的核心竞争力，是需要持续锻造的长板。

近年来，在中宣部书号总量不断缩减的大环境下，中国纺织出版社有限公司一直在按照中宣部要求进行供给侧结构改革，其核心就是减少无效和低端供给，扩大有效和中高端供给。《敦煌服饰文化图典·初唐卷》的出版恰逢其时，正是我们出版人所追求的有效和高端供给。为此，出版社高度重视此套图书的出版，按照"思想精深、艺术精湛、制作精良"的精品力作标准要求出版社各部门配合做好此套图书的出版工作。本着对传统文化的敬畏之情、本着无愧于读者、无愧于时代的出版情怀，《敦煌服饰文化图典·初唐卷》历经四次审稿、六次校对，刘元风教授亲自下厂到雅昌公司检查指导印装质量，历经千辛万苦，这部著作才终于呈现在大家面前。

关于此套图书的出版，有两项工作出版社需要高度重视：一是在现有基础上，构思如何加强融合出版，实现内容的多形态、多介质的产品开发，实现内容价值的最大化。二是如何加强《敦煌服饰文化图典》的推广工作。在移动互联时代，如何加强《敦煌服饰文化图典》的传播力和影响力需要我们不断探索和积极实践。在移动互联的大背景下，《敦煌服饰文化图典》的推广也必须走互联网、走新媒体、走流量。出版社去年成立市场部，正在积极构建服饰文化的新媒体矩阵，应该说到目前为止，形成了基本的方法论和一定的实践经验。我坚信，随着新媒体矩阵的不断完善，必将大大提升《敦煌服饰文化图典》的传播力和影响力。

习近平总书记在亚洲文明对话大会上指出，"文明因多样而交流，因交流而互鉴，因互鉴而发展。"敦煌作为东西文明的交汇枢纽之地，敦煌服饰本身就是中外各民族服饰相互交流、相互借鉴的产物，因为互鉴，故而敦煌服饰形成了风格多变、丰富多样的艺术形式，达到了极为辉煌的艺术水准。由此，敦煌服饰文化也成为探讨中国传统服饰文化的最重要领域，《敦煌服饰文化图典》的出版对保护、传承和发扬传统服饰文化，从而增强文化自信无疑具有非常重要的意义。

服饰既是物质产品，又是精神文化的载体；图书则是记录、传承、弘扬文化成果的重要手段。用图书来表达服饰文化，无疑是中国纺织出版社的应有之义，为此，我们非常愿意承担更大的责任。

最后，再次感谢《敦煌服饰文化图典》的创作团队，感谢在座的各位领导、各位专家！预祝敦煌服饰艺术展圆满成功！预祝《敦煌服饰文化图典·初唐卷》出版发行圆满成功！祝愿大家身体安康、万事顺心！

谢谢大家！

（注：本文根据作者在2021年10月8日"敦煌服饰艺术展开幕式暨《敦煌服饰文化图典·初唐卷》发布会"上的致辞整理而成，题目为编者所加。）

周志军 / Zhou Zhijun

周志军，女，1971年4月生，汉族，山西省运城市夏县人，1992年12月入党，1996年7月参加工作，工学博士，副教授。现任北京服装学院党委书记。

责任在肩　担当于行
——北京服装学院在敦煌服饰文化研究方面的继承与发展

周志军

尊敬的常沙娜先生，尊敬的各位来宾，亲爱的老师们，同学们：

大家上午好！今天是个好日子，由于各位专家学者的到来，北京服装学院高朋满座，蓬荜生辉，我们非常感谢大家的到来。我谨代表北京服装学院向大家的积极参与和长期以来的支持表示衷心感谢。

2018年6月6日，北京服装学院联合敦煌研究院、英国王储基金会传统艺术学院、敦煌文化弘扬基金会，共同成立"敦煌服饰文化研究暨创新设计中心"。三年以来，在刘元风教授的带领下，在社会各界包括在座各位专家学者的支持下，这些老师们积极努力，辛勤耕耘，出版了七部著作；举办了三届敦煌服饰文化论坛，并且即将在北京服装学院的"科学艺术时尚节"开展第四届的"敦煌服饰文化论坛"；承担多项国家艺术基金和国家社科基金艺术学项目；多次承办敦煌艺术展演；举办了数十次线下和线上的学术讲座……可以说成果斐然，硕果累累。

今早，我也特别有幸地先一睹为快，看了《敦煌服饰文化图典·初唐卷》，我的心里充满了感动，一方面也是为我们中华文化的灿烂文化所震撼；另一方面我也感受到了以北京服装学院的刘元风教授为代表的老师们、同学们的辛勤耕耘，孜孜不倦的探索和追求。常沙娜先生、赵声良书记、刘元风教授，他们在序里都写道：如何让璀璨的敦煌文化走到现代的生活里，让现代时尚更好地显示中华文化自信和树立中国的时尚品牌和文化品牌。北京服装学院一直是一个肩负国家使命的学校，我们将来也会给予敦煌服饰文化研究更多的支持，也期待各位学者和专家继续给我们更多的指导，我们一定会把责任扛在肩上。

2019年8月19日，习近平总书记在敦煌研究院座谈时的讲话指出：敦煌文化"历史底蕴雄浑厚重，文化内涵博大精深，艺术形象美轮美奂"，其实这些都是我们继续成长和发展的积淀，也是推动中国时尚影响世界的重要力量，我们也会承担起这个责任。

我刚好也想向各位学者和专家说一下，今天也是北京服装学院"科学艺术时尚节"重要活动的开篇。我们在今年10月中旬的时候举办国际青年设计师论坛、国际首饰珠宝展，并且我们有专门为中国乡村劳动者设计衣服的服装秀，还有要成立的运动时尚研究院……我们也期待着各位专家学者和同学们积极参与这些活动。

最后祝愿敦煌服饰艺术展和新书发布会获得圆满成功，谢谢大家！

（注：本文根据作者在2021年10月8日"敦煌服饰艺术展开幕式暨《敦煌服饰文化图典·初唐卷》发布会"上的致辞整理而成，题目为编者所加。）

贾荣林 / Jia Ronglin

贾荣林，男，1965年3月生，汉族，北京人，1983年9月参加工作，本科毕业于天津美术学院装潢设计专业，文学硕士，教授。现任北京服装学院院长。

以美为媒　与美同行

贾荣林

尊敬的赵声良书记，尊敬的各位嘉宾，各位老师和同学们：

　　大家上午好！

　　金风送爽，春华秋实。秋天果然是丰收的季节。

　　10月8日，我们刚刚举行了敦煌服饰艺术展开幕式暨《敦煌服饰文化图典·初唐卷》新书发布会，非常高兴今天又迎来了"丝路之光·第四届敦煌服饰文化论坛"。

　　2019年8月19日，习近平总书记在敦煌研究院座谈时强调：敦煌文化"是世界现存规模最大、延续时间最长、内容最丰富、保存最完整的艺术宝库，是世界文明长河中的一颗璀璨明珠，也是研究我国古代各民族政治、经济、军事、文化、艺术的珍贵史料。"

　　经过了以常书鸿先生、段文杰先生、樊锦诗先生、常沙娜先生，以及王旭东院长、赵声良院长，以及柴剑虹、葛承雍、荣新江等诸多先生为代表的几代人的辛勤努力和深耕不辍，对丝路文化和敦煌文化的研究已经取得了丰硕的成果，有了丰厚的积淀。

　　今天我们欣喜地看到，越来越多的年轻人加入对丝路文化和敦煌文化研究的队伍里来，不断发现新材料、新问题，并用新的视角、新的方法、新的思路，去探究、去考证、去创造、去传播。

常沙娜先生经常说："敦煌是我们取之不竭用之不尽的宝库。"我们要珍惜这座宝库，善用这座宝库。以敦煌文化为代表的丝路文化，是"各美其美，美人之美，美美与共，天下大同"的典范和代表，也是中国文化积极向上、开放多元、仁而有礼、智而有信、包容友善的普世价值的典范和代表。

今天，我们以敦煌为中心、以丝路为纽带，加强和推动对敦煌文化和丝路文化的研究和传播，"讲好敦煌故事，传播中国声音"。这也是对"以美为媒"，增强文化自信，加强国际文化交流的倡议的深入践行。

北京服装学院"敦煌服饰文化研究暨创新设计中心"成立以来，致力于敦煌服饰文化的研究与创新设计、人才培养以及社会推广。在社会各界的支持下，在"中心"老师们的努力下，三年的时间，出版了七部专著、译著；举办了数十场线下和线上的高水平学术讲座；进行了"绝色敦煌之夜""丝路之光·大美无疆""锦绣中华"等多场敦煌服饰艺术再现和创新设计的服饰展演；成功申报并圆满完成了2019年度国家艺术基金"敦煌服饰创新设计人才培养项目"；成功申报了国家社科基金艺术学项目"敦煌历代服饰文化研究"，并把敦煌文化的种子播撒到更多年轻人的心里。

今天，我们在这里举行"2021敦煌服饰文化论坛"，时间短、内容多、信息量大。我们特别期待赵声良老师深厚广博而又令人愉悦的讲座，也非常期待诸位中青年学者的学术之声，他们在前辈学者的基础上，展开多维度和多层面的研究与创新，深入挖掘敦煌文化的内涵与审美，视觉特征与创造，视角新颖，分析细致，让我们看到敦煌文化研究新生代的力量，看到敦煌文化研究在新时代的延续和拓展。

最后，预祝本次论坛圆满成功！祝大家秋安吉祥，工作顺利，学术大成！

谢谢大家！

（注：本文根据作者在2021年10月11日"第四届敦煌服饰文化论坛"上的致辞整理而成，题目为编者所加。）